山东省社会科学规划研究项目优势学科项目"数字化审美与数字美学发展研究"（项目批准号：19BYSJ64）最终成果

光明社科文库
GUANGMING DAILY PRESS:
A SOCIAL SCIENCE SERIES

·文学与艺术书系·

数字化审美与数字美学

秦凤珍　等 | 著

光明日报出版社

图书在版编目（CIP）数据

数字化审美与数字美学 / 秦凤珍等著 . -- 北京：光明日报出版社, 2023.12

ISBN 978-7-5194-7685-4

Ⅰ.①数… Ⅱ.①秦… Ⅲ.①美学 Ⅳ.① B83

中国国家版本馆 CIP 数据核字（2023）第 250224 号

数字化审美与数字美学
SHUZIHUA SHENMEI YU SHUZI MEIXUE

著　　者：秦凤珍　等	
责任编辑：刘兴华	责任校对：宋　悦　温美静
封面设计：中联华文	责任印制：曹　净

出版发行：光明日报出版社
地　　址：北京市西城区永安路 106 号，100050
电　　话：010-63169890（咨询），010-63131930（邮购）
传　　真：010-63131930
网　　址：http://book.gmw.cn
E - mail：gmrbcbs@gmw.cn
法律顾问：北京市兰台律师事务所龚柳方律师

印　　刷：三河市华东印刷有限公司
装　　订：三河市华东印刷有限公司
本书如有破损、缺页、装订错误，请与本社联系调换，电话：010-63131930

开　　本：170mm×240mm	
字　　数：200 千字	印　　张：11.75
版　　次：2024 年 3 月第 1 版	印　　次：2024 年 3 月第 1 次印刷
书　　号：ISBN 978-7-5194-7685-4	

定　　价：85.00 元

版权所有　　翻印必究

目 录
CONTENTS

导　语 1

第一章　数字化审美回顾与透视 5
　一、回望来时路：数字化审美的前世今生 9
　二、数字化审美的特征与形态 22
　三、数字化审美透视 36

第二章　数字化时代的技术审美与美学垦拓 43
　一、人工智能：智能时代的审美演进与革新 43
　二、虚拟现实：技术、审美的化合与美学的新机 80

第三章　元宇宙与数字化时代的审美新变 107
　一、鸿沟与奇点：回溯—重构的元宇宙 107
　二、从元宇宙看数字审美悖论 115
　三、数字审美的重构与超越 121

第四章　数字化时代的审美教育 133
　一、数字化时代的审美教育 134
　二、数字美育面面观 138
　三、数字化生存与审美教育未来展望 144

第五章　走向数字美学……………………………………………148
　　一、美学研究的三种范式与世纪新变……………………148
　　二、数字化审美研究之回顾………………………………150
　　三、21世纪数字美学理论前瞻……………………………162

结语　数字美学：关注数字化审美的局限与契机…………166
　　一、数字审美的局限………………………………………166
　　二、数字审美的契机………………………………………169

参考文献……………………………………………………………173

后　记………………………………………………………………181

导　语

　　数字化审美已成为当代美学、文艺学、传播学和审美实践、文化建设不能不关注的热点。

　　信息传播方式的演进、电子信息媒介的转型深刻影响着文艺审美形态的变化。随着人类次第步入电子媒介时代、网络传播时代、移动互联时代、智能化时代，数字媒介深刻影响着社会经济文化，也全面渗入审美领域，深刻影响着审美实践，改变着世人的审美理想、审美观念和审美趣味，不断开掘人类审美的新生长点，使人类审美呈现出新景观、新特点、新气象，也为美学研究注入了新血液，使数字美学横空出世，成为引人瞩目的朝阳学术话语。

　　数字传媒和数字文化的激发，使新型数字文艺审美层见错出：鬼斧神工的数字绘画、AI绘画，声画文情俱佳的多媒体超文本、角色扮演实时互动的电子和网络游戏、"出口成章"的诗歌生成程序"九歌"等、数字动态画《清明上河图》及数字主播、数字藏品等……而网文、网络漫画、网络电影、网络剧、短视频等更是成了今天人们文化生活中的新宠。在历史上，大众传媒曾促成了一个文化大普及、大传播的平面文化时代，网络书写和移动阅读更推动全民演艺、全民接受时代的到来。如果说传统的审美教育面对的更多的是美文艺、深度文化、物理时空的审美世界，那么今天的审美教育面对的则更多的是数字化生存、大众传媒、超文本、全媒体融媒体文化、人工智能文艺和数字文娱。大量的数字媒体文艺与传统的文艺有显著区别，尤其是在价值取向、审美理想、文体惯例上明显异趣，它们在培育一种与长期以来的文字印刷物影响下形成的认知方式、思维模式不同的信息感知、处理和理解世界的新范式。而我们长期以来建构的文艺审美话语体系和教育理念更多地立足于传统文艺实践，简单地用体现着纸质文学、精英文艺审美取向、文艺观念的现行文艺学美学理论来分析数字化时代的审美问题显然会捉襟见肘。

虚拟性、实时交互性和沉浸体验在今天的数字文艺审美中早已司空见惯，在虚拟现实、电子游戏、沉浸文旅的虚拟仿真场景中，受众全身心沉浸其中，不仅能获得真切的现场体验，而且在其中作为一个角色行动，直接参与到情节营构、故事展开、场景变化中。这与传统的"置身其外"的审美接受显然大为不同。而如果我们固守传统精英主义的审美信条，仅仅热衷于演绎传统精英文艺审美的惯例，无视为大众喜见乐闻的新型文娱审美形式，画地为牢，故步自封，势必会使当代美学无法抵近审美现实，无法言说审美现实，无法有效阐释当前的审美实践，无法做到积极有为。

在当代审美文化中，大众传媒已逐渐形成多元并存、立体伸展的媒介融合集成的"全媒体"格局。现代数字科技的发展、电子传媒的普及不仅使新兴的网络传播和手机通信异军突起，而且为传统的报纸、刊物、书籍传播提供了新的平台和新的机遇，使历史上历时出现的众多媒体都不同程度地得到了现代化改造，促成了互补互生、多元共存的传媒形态格局。"全媒体""移动互联""万物互联""智能化"的格局极大拓展了传统文艺的生存空间。例如，网络超文本、DV短片、交互电视、赛博戏剧、广播小说、文学光盘、电视散文、文学网站、视频平台等的出现为传统文学的发展和传播提供了新的支撑点、生长点，电视剧、电影、漫画、广播剧等通过与数字媒介载体、数字表现技艺的结合，生发出了不为人们所了解的无限的潜力，显示出了新的发展可能。同时，这种数字媒介智能化的新格局使文艺审美实践更为便捷，更为丰富多元，使文艺审美消费的选择度、贴合度、满意度大为改善，使文艺审美生态更为和谐协调，更具自组织、自调整、自优化的能力，更为开放、健康。

面对数字文化潮流，我们既应当为数字技术带给人们的便利欢欣鼓舞，以新型的数字文明为圭臬，也应意识到以往时代积累的问题依然不容忽视，它们并不会随着数字化时代的到来自动消失，而往往会以新的形式延续。同时，数字文化可以将万物转化为"0"和"1"，可以创造出一个与物理现实平行的虚拟现实，但现实社会中的许多事物如生老病死、洪涝瘟疫等仍然是无法虚拟化的，它们作为绝对的"他者"横亘在数字化生存与自然生存之间。凡此种种，都提醒我们要充分认识数字文明、数字审美的界限和上限、强项和局限，避免目中无"异"，一厢情愿地编织理论话语。也需要警惕人们对数字文艺、数字审美现象所保持的根深蒂固的偏见来阻碍美学研究直面文艺审美现实。传统文艺审美功能单一，生存环境相对单纯，远离商业和广告，缺少商业化的运作，追求一种静观、虚静的审美情趣，或精神陶冶、社会教化的文艺效果。而当今的市场经济时代，面对创意产业潮流、数字化生存状况，文艺审美与商业、利润、市场盘根错节，文艺审美与传媒的宣传、策划、包装，与资本运营、文化产业、创意产业息息相关，读图、读屏蔚为潮流，文字思维与图像思维、影音思维碰撞交融。无视文艺审美生态的新变化、审美生活的新特点，美学研究势必显得迂腐、老套，失却应有的锋芒和敏锐。

同时，当代文艺审美也并没有因为大众传媒的兴盛、网络传播的蛛网蔓延而平面化、平庸化。相反，当代文艺审美呈现出了多元共生、立体伸展的格局，服务于社会主义精神文明建设的主旋律文艺审美、崇仰精神性的纯文学、为市民青睐的快餐文娱、能够给演艺机构带来滚滚财源的商业文艺审美一起葳蕤，相互影响。文艺审美的百花园中百花齐放，争奇斗艳。如果我们的文艺审美研究充满偏见，抱残守缺，视野狭隘，孤陋寡闻，对当代文艺审美状况所知甚少，仅仅站在自己庭院一隅，囿于僵化的思维，对当代文艺审美横加批判，势必使文艺审美研究视野狭隘、固守古典，成为多余的孤芳自赏。数字美学由此应运而生，无论是国内，还是国外，它都从无到有，从小到大，赢得了越来越多的人的关注。

大众传媒的狂轰滥炸，赛博空间信息垃圾的充斥，丰富驳杂、良莠不齐的海量信息的涌荡对文艺审美生态产生了多方面的消极影响。这客观上要求当代数字美学站在时代文化的潮头，挥舞文化批判的旗帜，高屋建瓴，激浊扬清，因势利导，不断优化数字化审美实践，促使数字化审美文化良性发展。数字美学要想不断前行、不断完善，永葆生机活力，也需要辩证看待数字审美、数字文娱、数字产业的互补关系和功能差别，需要协调平衡数据理性与审美感性的矛盾对立，需要将其现代性文化、大机器生产、工具理性、科技崇拜、形式上传统的"寻根"自觉与审美现代性批判意识、草根文化追求、世俗化品格、现实体认有机统一。需要随着科技的不断发展、社会文化的不断变化、文艺和审美实践的不断延展，不断充实自身，不断调整自身，不断升级换代。既需要专注于赛博格、人机界面、虚拟现实、场景化，也需要对后赛博格时代、后人类审美进行前瞻和探究。数字化审美的兴盛与媒介文化转向息息相关，根植于数字文明的底层深处，因此对数字化审美进行透视、研究需要具有多学科、跨学科的自觉意识，需要将对数字文明的深入探究、对媒介转向的细致研究、对科技变革的追问、对审美感知变化的透视等联系起来通盘考虑，在跨学科、跨文明、跨领域、跨媒介的视域进行考量。

上述思路也正是我们撰写以下各章节的指导思想和共识，在我们的研究中这一"红线"贯穿始终。

第一章

数字化审美回顾与透视

> "人们对于那些仿佛遥不可及、云里雾里、隐晦迷离的东西的乌托邦式的渴求无一不是源之于美。"①
>
> ——肖恩·库比特《数字美学》

对美的追寻是人类亘古以来绵延不息的母题之一，数字时代尤甚。丰盛的物质基础、兴旺发达的精神文明、斑斓多彩的数字审美实践，都为数字时代的美学建构奠定了坚实基础。但信息革命、媒介融合、人工智能等也使数字化审美格局面临新的瓶颈与危机。什么是新型的数字化审美？它又如何经由现代审美的历程而诞生与蓬勃发展？这些都是对数字化审美进行回顾与透视时必然要追问的。脱胎于传统审美体系的数字化审美在面对当下世界的原子化、碎片化等现代性之争时，数据理性与审美感性的二项对立格局混杂交错，它不断指认、颠覆甚至重构传统美学体系。宏观来看，数字审美"以技术为内在驱动"，并"重构当代文艺生产、传播与消费的内在逻辑与行为模式，促动当下审美视域呈现出媒介融合趋向——呈现诸如去中心化、多元共生的后信息时代属性"②。基于数字化技术与媒介技术的融合，人类社会的生产、生活方式以及社会整体风貌已然重新架构。微观而言，数字化文化是基于一种形而上的现代数字化技术与现代美学的意义产生，数字审美内蕴人类对改善生活方式的更高向往与寻求，是一种理性、秩序以及更高文明层次追寻的个体理想表征。当世界政治、经济格局面临百年未有之大变局时，深度

---

① 库比特.数字美学[M].赵文书,王玉括,译.北京:商务印书馆,2007:序言.
② 王青,何志钧.数字化审美实践趋向与数字美学理论建构[J].河北民族师范学院学报,2021,41(1):85–89.

挖掘前沿技术影响下的数字化审美认知变革以及对于未来审美的价值与意义颇具媒介思想史意义。由此，数字时代新型审美格局的回顾与透视是亟待梳理厘清的理论视域，下面笔者将主要围绕数字化审美历程、数字审美的特征与形态以展开论述，并对数字化审美进行透视。

数字化审美与媒介文化转向相关，以数字媒介转型为基础的视觉文化转向促使新的视觉政治建构。正如数码转型"全面改变文化的生产方式与传播路径，改变人类生存的社会生态"[①]一般，数字媒介场域中的确定性被消解，各种传统媒介形式、媒介格局被重组、变更。正如美国南加州大学教授列夫·曼诺维奇（Lev Manovich）所提出的，21世纪的文化与交互界面紧密相连，实质上是把数字技术时代所蕴含的互文、流通的视觉文化行诸终端，进而将其发展为通俗化、从众性的大众文化的忠实拥趸。数字媒介的扩张是当代日常生活无法忽视的底色与背景，日常生活审美化的传媒革命改变人的生活方式，不断颠覆传统审美，技术复制已从人的视觉拓展至人的听觉、触觉、嗅觉，甚至是人的全部感觉。与此同时，数字媒介也以一种全新目光，凝视人类审美活动过程中的诸多元素，黑格尔所谓的"美是理念的感性显现"的论断肯定了艺术在人类社会中无法被哲学替代的独特价值，但我们现时代的一般情况并不利于艺术发展，因为现时并非海德格尔式的"诗意"世界，而是一个充斥着功利、目的、瞬息万变的嘈杂世界，世界与人虽看似借助数字媒介可实现一种人与自然和谐相处状态，但诸如此类尝试存在诸多风险与挑战。自启蒙运动以来，理性之声呐喊摇旗，而审美主体的艺术创造与审美观审方式发生了重大变化，不再延续彼时印刷纸质媒介为主要交往中介的审美场域，而是一头扎进数字与多元文本共生的媒介场域中，促使人—机交互意义的平台生产机制急遽发展。媒介环境已然由马歇尔·麦克卢汉（Marshall Mcluhan）所谓的"媒介即信息"转入尼尔·波兹曼（Neil Postman）的"媒介即隐喻"，甚至步入各类数字媒介平台建构的"媒介即一切"之中，在各类媒介融合的数字平台上，符号、编码系统已然成为新型媒介形态的重要表征。此时，媒介转向与人的全方位感

---

① 戴锦华，王炎.返归未来：银幕上的历史与社会[M].北京：生活·读书·新知三联书店，2019:132.

知紧密相连，媒介形态呈现出多种媒介形态的集群、互文、依赖、冲突以及激发生成的庞杂格局，并为当前审美活动开展、拓展人类文化区间交融奠定了媒介学基础。数字技术带来丰盛物质生产的同时，也带来"人之存在意义"的遗漏。因此，对数字化审美进行回顾，需要纳入跨学科视域加以考量。

从数字化审美的特征与形态来看，一是审美方式发生了重大变革。影像展开对人的感知——视觉、听觉甚至触觉等全部感官的整合探究，而人的审美感知也逐渐从二维转向三维甚至多维，从平面向立体转化，也即所谓的"图像、影像和景象"，这实质关涉的正是表征（Representation）问题。全球化浪潮激发了当前媒介文艺的发展活力，纵览电影、电视等诸多电子媒介，作为中介而不断产生新的跨媒介、跨文化传播成果，形成了特色文化产业集群，流媒体的发展更是热火朝天，进而带动了世界性的媒介革新与审美转向。上述文艺现象的审美转型，在历时与共时的基础上为审美经验理论提供了媒介现实观照，呈现出完整的数字审美变化理路，并推进当代人类生存的研究至于理论纵深。"数字化生存"的现时模式已然成为全媒介时代人类的存在模式，个体通过网络媒介实现个人化与大众化的融合、虚拟与现实的感知共生。审美新变所呈现出的顶层设计、现实需求，都揭示出当前社会生活重大而深刻的数字化变革，日常生活审美化俨然已步入新阶段。二是现时数字媒介（以元宇宙为典型）呈现新的审美悖论。西方消费主义的极度盛行，不仅构建了消费文化语境中人的全新心理结构，也塑造了人的行为方式和体验逻辑。人在海量视觉资源的奇观世界中被消费主义裹挟，身处纷繁复杂的、破碎的、解构的后现代文化场景中，在生产、传播图像过程中，渐趋沦为消费主义的凝视对象，已有的知识基础为数字审美提供了接受的前提，人的审美被先验地引向诸如社会文化、生存境况以及人与世界的关系考量。当前后现代进程愈演愈烈，技术的诸多要素披上审美的外衣，尤其是5G时代的来临，元宇宙、ChatGPT等产业的兴起，数字技术与媒介的多元融合，导致现代人的感知俨然已离柏拉图（Plato）所谓的"理式"愈益邈远，人在面对数字媒介对象时，很难进入一种"天人合一"的和谐审美状态。同时，审美转型还表现在人与媒介的关联日益紧密，美学范式的转变显示了当前美学界对数字媒介场域中自我与他人、个体与社会的关系的关注与强调，数字审美也揭示出主体之间的对话，正如米哈伊尔·米哈伊洛维奇·巴赫金（Mikhail Mikhailovich Bakhtin）复调理论所谓的对话、莫里斯·梅洛·庞蒂（Maurice Merleau-Ponty）对审美知觉的主体间性的强调等，反映出新的审美范式与主体、客体关系转变的内在联系，即审美不再是主客二元对立中的此消彼长与控制征服，而是主体客体之间的坦诚、平等的共情与理解。审美过程中的对话、流动、交互等特性被重点强调，审美范式也由"主客对立"转换到"主体间性"的对话场域。纵览当前学界相关研究，体系化数字审美研究仍鲜有，尤其是对媒介转向以及随之而来的新型数字审美的影响与渗透，尚未进行深入系统探讨。

媒介形态的多元以及革新进程是否会导致印刷文本的终结？未来数字技术又将带来哪些新的媒介，而"人体的延伸"（麦克卢汉语）又将会延伸至何种境地？数字时代的人之本源与目的何在？对上述问题的溯清与探究，正是为了深入地理解数字化审美，终究是为了认识当下所处的媒介环境，在回顾与透视中探寻一种"人何以诗意栖居"的可能。笔者拟关注以下四个层面的问题：

1. 当代数字审美研究视域中亟待解决的问题：数字技术对传统审美范式的影响如何，全球化的审美现象与理论剖析如何展开。2. 数字媒介发展与审美主客体的变异及其关系，并从技术视角出发探究技术、媒介与人类社会的关系，以及三者如何能在一种媒介生态学的平衡视域上被更好理解，即一种打破二元对立的、超越传统和现代的非此即彼的立场选择中来理解的问题。3. 数字审美的新变与文艺生产的趋势及其关系，从媒介形态转向反观其对文化的影响。4. 数字审美与媒介融合的趋势及其对人的审美异化如何。通过对数字化审美的历史回顾与理论透视，对数字化审美的"前世今生"进行历时与共时的探析，其中既含有美学领域面临的新问题，也有媒介文化所面临的新机遇、新使命。数字美学已非传统研究中主客二分的美学，数字美学已然在全新的现时情境中重置媒介—人关系网格，更多地涉及虚拟主客二分、匿名与实在隐身、整体世界的文本化与互文等情境，超越媒介以开拓数字美学，美学的乌托邦主义指向未来，对数字审美的研究同样是意指未来，有望为后赛博格时代的审美范式提供新的思考与启示。

一、回望来时路：数字化审美的前世今生

当代数字审美缘起于西方社会，这固然与西方哲学一直以来的本体论追求密不可分，但同时也与工业文明进程中的数字媒介兴起、发展与融合有关。数字审美及其研究的勃兴与观看行为、观看结构相关，经由"视看"行为达成与视觉相关的数字媒介文化，在本土与世界、传统与现代的交融之间，创造全新的数字文化型构，进而奠定数字化审美大厦的基础。而数字审美范式中的文化传统、审美偏向等特性，标定了当前数字人文学界的审美范式与发展路径，即当文化转型汇入新型审美范式中时，数字审美就不会是一个干瘪的、"空洞的能指"，而是一个极具发展前景的研究领域。下文笔者将从描绘数字化审美历程的多样图景开始，从宏观与微观向度呈现当代视觉文化所呈现的多元、驳杂之镜像，聚焦于数字化审美对文艺和审美研究的影响，并将现象和趋势、实例和理论分析等加以融合。其一是基于当前的视觉文化与数字时代境况，建构和审视当代数字美学理论体系、研究理路以及研究成果；其二是致力于对媒介、技术以及视觉性等具体问题的分析，摒弃单一的学科视角限制，以跨学科、多视域方法深入探析数字美学领域的相关要素、范畴，以呈现不同时期数字美学发展过程中的丰富具体案例背后所蕴含的特征与形态以及美学逻辑，丰富和拓展数字审美相关研究。全面系统论述数字技术带来的美学与艺术理论变革，建构一个开放、与时俱进的数字美学理论体系。

（一）数字化审美探索历程回顾

数字化审美有其发展的历程。在作为概念和术语的数字化审美中，数字和审美并非简单的概念重合或叠加，而是媒介文化和审美现象的理论与实践的总和，故应将二者放置到更为广阔的跨学科视域中加以考察，方能对二者有机融合的面貌有更宏观全面的把握。毋宁说，当代数字审美的透视与回顾，

内蕴含对未知的数字技术的透视与前瞻认识。从印刷文本的语言文字中撷取前人思想的精粹，为我所用，以建构电子文化时代、数字文化时代可"深度阅读"的文本；前瞻显示了人们对数据时代的媒介迁移、媒介影响效应的优化追求，既想呈现美学的当代数字面影，又不想受其裹挟，沦为数字媒介的"奴隶"。如此回顾与前瞻，仍带有一种文化诗学意义上的"影响的焦虑"①。而数字审美思潮并非只是诸多研究者为标新立异而对媒介技术的数字审美展开的误读，相反，数字审美是一种前进式的复合型螺旋上升结构。

20世纪"90年代中国后现代主义论述的荒谬、后现代主义艺术实践的杂芜，在某种意义上，'哈哈镜'般地折射着中国社会的后现代性"②。谈及数字审美范式，应先对其本源进行追溯。正如马丁·海德格尔（Martin Heidegger）所言："'本源'一词指的是，一个事物从何而来，通过什么它是其所是并且如其所是。"③数字审美正是因为其数字性而呈现出其独特的审美范式，当代数字审美的发展来自过去时代所有范式的"总和"，但这些过去之中，又存在着当下数字审美对过去数字审美的吸收与创造。大数据时代的新媒介承担着中介的作用，因而更突显出数据在社会中的双重性角色：其一是数据栖息于各类数字媒介中，并依凭这种暗箱性的媒介技术装置，助推现时生活的物质生产改革；其二是当前数字文明已然降临，并渗透到人类生活的诸多方面，新旧文明的交织与龃龉，不断强化数据技术的技术理性的反面，即它的工具性被不断放大。于是，一方面是数据与印刷时代的某种断裂与错位——文明交替之时我们并未全然实现历史的人的全面解放，另一方面当数据时代极大便利了人的生活，建构出了一个崭新的虚拟文明世界，但印刷时代的社会问题——工具理性、人文危机、文化区隔依旧存在，前一个世纪的历史与记忆仍在数据时代高歌猛进的浪潮中回声不绝。总之，当今社会历经全面数字化转型，大数据、物联网、云计算等诸多新兴数字技术为社会发展注入了新动

---

① "影响的焦虑"出自布鲁姆《影响的焦虑》，通过否定诗的传统和诗论的传统来强调"影响的焦虑"给诗人造成的压抑和阻碍，认为误读是文本阅读的必然，是对文学影响观与传统观的颠覆与修正。而当下数字技术对人的生活的快速渗透，使得"诗人小冰""电子诗人"等数字诗人层出不穷，影响甚至改变了诗歌的创作及研究传统。

② 戴锦华.隐形书写:90年代中国文化研究[M].北京:北京大学出版社,2018:227.

③ 海德格尔.林中路[M].孙周兴,译.北京:商务印书馆,2018:1.

力，也带来了许多新问题，数字化审美注定需要进行中立的和反身性的学理化审视，批判性的思考也不应缺席。

1. 西方数字化审美探索历程

数字化审美发端于西方哲学语境。回顾其发生演进历程，自古希腊以来审美之思从未止息。自毕达哥拉斯学派的"美是和谐"[1]到柏拉图的"美是理式"、亚里士多德（Aristotle）的"美在形式"，都从各自的视角对美学和文艺理论中的部分问题展开了探讨，但"美是难的"言说仍一直延续。尤其是随着现代社会的发展与进步，审美渗透到日常生活的方方面面，美的难题更是延伸至麦克卢汉所谓的"媒介是人的延伸"的讨论中而更难以解答。若将古希腊时期对数字线条之美、媒介载体与文艺审美的关联的思考视为数字美学的萌芽，那么媒介审美、数字审美的思考一直伴随着人类文明的演进历程，它附着于数字技术、媒介的变化之中，而新型媒介的不断发明及推广助推着媒介审美与秩序、理性以及技术等关系的探索。

"认识世界，从整体上把握它的发展一直是欧洲人的精神追求。"[2]西方社会对数字技术的讨论伴随机械复制技术的盛行而展开。历经工业革命浪潮、机械复制技术进步，在信息化潮流影响下，人们的生命体验更加驳杂，他们的个体言说在20世纪的审美浪潮迁徙中被反复呈现，交织龃龉，不断被多元的媒介表征，进而形成一幅多元驳杂、无法被定论、彼此激荡的沉默文化图景。研究者纷纷转向，不执溺于批判或赞颂，不沉浸于本体论式的命题叩问，而是以数字化时代的表述，顺势将彼时的审美陈述为一种数字化氛围中的审美经验现象的描述。自海德格尔言明"世界被把握为图像"之后，学界对数字技术的探究层出不穷，各个领域都对数字媒介展开了探究。对图像的深度探析正映现了人们对数字技术的审视，而在西方学界的探讨中，20世纪美国的文化工业发展迅速，因而美国社会历史中的大众文化对数字化审美产生的影响极具代表性与独特性。而后弗里德里希·威廉·尼采（Friedrich Wilhelm Nietzsche）"上帝已死"的深刻追问引起了人对先验世界的质疑，也促使审美

---

[1] 朱光潜.西方美学史[M].北京：人民文学出版社,2001:32.
[2] 库比特.数字美学[M].赵文书,王玉括,译.北京：商务印书馆,2007: 序言.

11

转向——从追问美的本质转向日常生活审美化。行至20世纪90年代中期，从西方到东方，信息革命奔涌而来，数字化审美成为伴随现代化进程而来的具象表征。一种不可触的数字界面技术掌控人的感知，操盘整个社会媒介基础的重构与更新，"媒介即信息"（麦克卢汉语）不再是一个轻松的调侃，而是以一种略显沉重的步伐，牵引着一个数字化的世界而来。

首先，数字审美图景与工业文明的展开紧密相关。视觉文化的进步与技术进步相连，如柏拉图的《斐多篇》对视觉感官的肯定，自勒内·笛卡尔（René Descartes）以降从未止息的二元论纷争，以及他对肉身的不信任，对"以感官为媒介而查知的一切东西"[①]的怀疑。启蒙时期，约翰·克里斯托弗·弗里德里希·冯·席勒（Johann Christoph Friedrich von Schiller）对启蒙时代的野蛮人表示出的极大隐忧，而对于机械化和专门化，他则认为是历史必然的衍变历程与必经步骤，他的"我们业已开化，却为何如此野蛮"的追问尚未消散，资本主义带来的不良恶果的批判接踵而来，由此他对启蒙现代性文化给人类带来的创伤感到忧虑，原因在于"国家机器日益复杂化，结果导致个别市民不可能像在希腊人那里一样感到自己是整体的代表"[②]。自工业革命以来，受资本主义生产方式影响的审美范式，由机械化渐趋向电子化、数字化转变，向人类展示海量"镜像式"电子生存图景。

二十世纪五六十年代西方资本主义国家发生的、以电子技术为基础的科学技术革命，是对计算机所代表的数字技术的一种现时经验的文化呈现，也是人的审美经验重大转向的视觉表征。从巨型电子"计算装置"这一"会思考"的机器到个人计算机问世，数字技术一路高歌猛进。自美国硅谷开始，计算机革命真正掀起巨浪，人的审美活动更是转为一种"气氛"[③]式的在场感知，本雅明（Walter Benjamin）最早在《机械复制时代的艺术品》中将"生活世界的审美化作为一种严肃的现象"[④]来加以讨论。传统的审美经验理论源于

---

① 北京大学哲学系外国哲学史教研室编译.西方哲学原著选读：上卷[M].北京：商务印书馆,1981:373.
② 席勒.席勒文集：VI：理论卷[M].张玉书，选编.北京：人民文学出版社,2005:前言.
③ 所谓"气氛"，指的是某个空间中的情感色调，所有在场成员通过各自的处境而感知到该情感色调。引自波默.气氛美学[M].贾红雨，译.北京：中国社会科学出版社,2018:6.
④ 波默.气氛美学[M].贾红雨，译.北京：中国社会科学出版社,2018:13.

康德的"审美功利"说，批判的审美经验理论的代表是阿多诺（Adorno）、马尔库塞（Marcuse）等人，他们的美学源于他们对现代技术对人造成的控制的批判反思，他们都将"审美经验当成艺术的特性和艺术品价值的评判标准"[①]。随着西方社会进入后工业时期，跨国公司的兴起、大众文化的流行、电子计算机空间和视觉形象的扩展以及消费主义的蔓延，致使当下与传统的断裂以及个体主体性的丧失，此时历经二战的知识分子在一系列动荡与追求幻灭之后，悖反与断裂成为焦虑的来源。知识分子在现时与过去关系的考察中，不断寻找一种新的人与媒介关系平衡的可行方案。费瑟斯通（Featherstone）更是在《消费文化与后现代主义》中从艺术的亚文化、将生活转化为艺术作品的谋划以及消费文化发展的中心三种意义上谈论日常生活的审美呈现（Tie aestheticization of everyday life），并提出"日常生活审美化"的观点。[②] 鉴于整个西方工业社会的物质生产都无法撇开话语及其所形成的各类媒介文本。因此，20世纪后半叶，与数字审美实践相伴的工业社会和后工业社会中升级换代的批评理论也开始新一轮盛行。

其次，需将数字审美置放在西方人文主义危机背景下进行审视。数字审美与"数字文化"紧密相关，数字媒介在带给人们便捷交流好处的同时也导致了信息超载令人目不暇接、侵蚀个人隐私的自主性、不断解构个体的自我内在经验感知，个体囿于越来越拓宽加深的身体功能替代——媒介，自主人格的达成和主体性的维护受到影响。以电脑为代表的电子媒体，文本呈现非物质化的特征。20世纪80年代末的"全球化"浪潮不过是再次引发了机器取代人力劳动和人的生计这个老问题（兰德尔·柯林斯语）。技术对人工的取代一旦达到了某个极限，就很可能引发资本主义长期甚至是无法消解的危机，[③] 丹尼尔·贝尔（Daniel Bell）对美国社会前工业社会、工业社会及后工业社会三个阶段的论断，折射出整个美国社会的发展脉络。在人文主义危机反思浪潮中，整个世界连为一体，数字社会通信技术的进步促进了人与人

---

① 周才庶. 新媒介与审美经验理论的转型 [J]. 文艺争鸣, 2020 (9):101-107.
② 费瑟斯通. 消费文化与后现代主义 [M]. 刘精明, 译. 南京: 译林出版社, 2000:95-105.
③ 伊曼纽尔·沃勒斯坦, 兰德尔·柯林斯, 迈克尔·曼, 等. 资本主义还有未来吗？[M]. 徐曦白, 译. 北京: 社会科学文献出版社, 2014:36.

之间的互联与沟通，尤其是随着以电子计算机为代表的电子文化的渗透，整个世界成了麦克卢汉所谓的"地球村"，人与人的距离被无限缩小，而看似一成不变的东西方世界国家的实力，也在这个系统中悄然发生重大转向与变革，但技术进步并未完全带来人自身的解放。国家与国家、个体与个体、群体与社会之间的关系开始呈现多元化的新形势，新的问题和老的问题盘根错节。随着1994年以来网络传播技术的空前渗透，一种以数字技术为建构原理的数字文化，以潜移默化的形式渗透到人的生活的方方面面，置身其中的人甚至连数字技术如何渗透到他们的生活中并改变了他们的生活路径都还不甚了了，时代生活就已经"轻舟已过万重山"了。由此，数字技术、数字审美成了人们无法规避、争论不休的现代性议题之一。美国文化学家尼葛洛庞帝（Negroponte）的"数字化生存"和"比特世界"超越"原子世界"等观点至今仍引起人们热议，而他的数字化生存论断中蕴含着明显的乌托邦意味，许多人和他一样对这种未经验证的新型生活方式充满神往。数字化生存已然涵盖数字文化、数字审美的某些方面，"计算不再只和计算机有关，它决定我们的生存"[①]。局限于空间与地方的生活方式、地方性知识越来越让位给四海一家的"地球村"式的全球交往和以比特为基础的新的文化追求。另外一名知名研究者即是肖恩·库比特（Sean Cubitt），他的《数字美学》不仅对欧洲传统中的数字媒体及其文化进行了历时与共时考察，更是对以数字媒体为对象的数字文化进行了廓清与阐释。基于此，他们批判媒介文化以及寻找当前数字文化中的现实难题的解决之道。

2. 国内数字审美探索衍变

随着西方数字化审美的演进，国内数字审美探索也在中西方国家的参照、对比中，结合当下的文化语境和本土问题不断发展。但数字化审美理论兴起时间较短，加之数字化审美理论本身涉及范围广且内容庞杂，体系化的理论成果较少，研究大多集中于对数字媒介和数字文化的探究，因此笔者主要从数字化本土阐释以及数字技术发展与"审美泛化"研究两个维度对此略做探讨。

首先，在数字革命的浪潮下，国内大批学者紧随尼葛洛庞帝之后，开始

[①] 尼葛洛庞帝. 数字化生存[M]. 胡泳，范海燕，译. 海口：海南出版社，1997:15.

了数字化生存的本土化阐释。1999年，陈幼松的《数字化浪潮》一书，从科普层面对当前的数字化现象展开了现象透视与理论分析，对当前的社会文化、科学技术以及艺术哲学等加以探析，并在书中提出大量尼葛洛庞帝《数字化生存》的近似观点，为国内探究数字文化、数字审美奠定了学理基础。[1] 与该著同年出版的《数字化潮——数字化与人类未来》着意论述了数字化对人类未来的影响。[2]2003年，董焱的《信息文化论：数字化生存状态冷思考》基于信息文化论的视角，对当前社会中的诸多现象以及复杂问题进行了探究，并对处于信息化社会文化中人的信息化特征发表见解。[3] 作为国内较早对数字文化进行探讨的论著，该著对数字文化的探讨虽与信息文化混同，但提出了对数字与信息的关联性思考，为后续的数字审美探究奠定了基础。而数字美学理论建构近期的主要研究文章有马立新的《数字美学论：一种数字电影理念的构建》(2008)、何志钧的《网络传播正在改变审美范式》(2010)、何志钧和孙恒存的《打造数字美学研究的中国学派》《数字化潮流与文艺美学的范式变更》(2018)以及王青和何志钧的《数字化审美实践趋向与数字美学理论建构》(2021)等，这些著述纷纷从各自的研究视域出发展开论述。

其次，数字技术与消费主义的盛行引发了人们对审美泛化的担忧。国内学者金惠敏、陶东风等人对数字文化的美学视角探析和文化研究视角透视，打开了审美泛化问题的分析之门，金惠敏研究员于2010年发表《"图像—娱乐化"或"审美—娱乐化"——波兹曼社会"审美化"思想评论》一文，认为尼尔·波兹曼（Neil Postman）媒介批评的核心问题是他展开了从文字到图像的文化批判，提供了新的媒介文化审美研究启示。[4]《图像—审美化与美学资本主义——试论费瑟斯通"日常生活审美化"思想及其寓意》暗指了一个"美学资本主义"或者"文化资本主义"的论题，即资本主义内在里就含有美学的或文化的维度，不过，这类资本主义的文化和美学完全不同于传统意义

---

[1] 陈幼松.数字化浪潮[M].北京：中国青年出版社,1999.
[2] 陈志良,明德.数字化潮：数字化与人类未来[M].北京：科学普及出版社,1999.
[3] 董焱.信息文化论：数字化生存状态冷思考[M].北京：北京图书馆出版社,2003.
[4] 金惠敏."图像—娱乐化"或"审美—娱乐化"：波兹曼社会"审美化"思想评论[J].外国文学,2010(6):93-98,159.

上的"文化"和"美学",它不需要指称,不需要任何现实的内容。[1]不论是数字社会的审美泛化危机,[2]还是数字时代的大众品位与社会区隔所形成的审美茧房,[3]都以批判眼光揭示了破除当前数字媒介危机的策略:以否定性危机、否定性审美经验来对抗审美泛化背后的资本逻辑与加速化需求,或鼓励或容纳各种类型的网络趣缘社群的发展,尝试"破茧"的实践。赵星植提出"数字技术与数字媒介广泛渗入人类的生产与生活,带来元媒介时代元数据的时刻'在场'",[4]周宪则通过探析图像技术与美学观念的关系,进而启示我们:传统美学观念已不能把握其基于数字技术中介之上的审美体验,[5]随着数字信息化的全方位降临,数字媒介语境重构人的审美范式,"凝视"或"观看"想要快速抓取的,正是主体的注意力而非深度思考的能力。于是,研究者关注到乔纳森·克拉里(Jonathan Crary)的"注意力技术"即人们的知觉特别是注意力成为一种商品,进入无限的循环流通之中,知觉成为碎片性的资源被觊觎、被研究、被控制。[6]概括来看,国内研究者对数字技术、数字审美实践的衍变、数字审美感知等问题已开始探究,已将数字化与媒介联系起来进行探究,但系统研究数字化审美以及数字美学问题的著述至今还很少见。

对国内数字技术的发展与数字文化的延展可从媒介美学视角予以阐论。在20世纪90年代中国历史的纵深凸显的文化症候、市场大潮影响下的社会经济转型、网络传播的蛛网蔓延交相作用,都市化与传媒产业的迅猛发展相互催动,都市大众文化风行,视听盛宴铺天盖地,民间文化被包装成无根的娱乐消费品共时性传播,历史纵深感消失,日常生活似乎空前审美化了。这使得欧美理论家费瑟斯通、韦尔施等人的相关理论与国内学界的相关研究灵犀

---

[1] 金惠敏. 图像—审美化与美学资本主义:试论费瑟斯通"日常生活审美化"思想及其寓意[J]. 解放军艺术学院学报,2010 (3):9–11,27.

[2] 危昊凌. 数字社会下的审美泛化危机[J]. 天府新论,2023 (1):77–84.

[3] 常江,王雅韵. 审美茧房:数字时代的大众品位与社会区隔[J]. 现代传播(中国传媒大学学报),2023 (1):102–109.

[4] 赵星植. 元宇宙:作为符号传播的元媒介[J]. 当代传播,2022 (5):36–39,66.

[5] 周宪. 图像技术与美学观念[J]. 文史哲,2004 (5):5–12.

[6] 赵乔. 乔纳森·克拉里"注意力技术"思想研究[J]. 现代传播(中国传媒大学学报),2023,45 (3):27–34.

相通。视听文化的崛起为国内数字审美的研究输入了新鲜血液，加之多元媒介兴盛，Web2.0时代的开启，UGC（用户原创内容）、PGC（专业生产内容）、OGC（职业生产内容）等网络平台涌现的内容生产新方式，加速了新媒体与传统媒介的融合，多媒体更新速度加快，流媒体快速崛起，传播语境中的数字媒介俨然入主要津，成了社会文化生活的枢纽。这种视觉—观看和听觉—声音并重的媒介文化、数字审美与多媒体技术、大数据技术、人工智能技术亦难以分割，经由数字编辑呈现的人—机界面具有一种"拓荒"或"补白"的意义，不仅对于数字美学，而且对于传播学、社会学、艺术学、文化研究等学科的交叉融合，它都提供了新的灵感和新的方法论。也由于商品消费、数字技术、媒介文化、日常生活、生命体验、审美感知的多维融合建构出一个数字化时代的立体多维审美格局，国内学界对数字文化以及数字美学新格局的探究必须基于跨学科的多元视域，纵深化呈现这一学术领域研究的方法和对象问题。[①]

（二）数字审美历程透视

数字媒体技术蓬勃发展，为新技术支撑下的新型媒介形态和传播手段的更新拓展提供了有利条件，它的交互性和即时性使大众消费审美被刷新，大众的审美体验被重塑，使传统审美得以延展和裂变。在数字技术高速发展的时代，文化形态获得了新的表现形式，数字技术与文化黏结。尽管尼葛洛庞帝认为"数字美学的任务是未来的社会生产"[②]，但数字化审美实践的推进在尼葛洛庞帝生活的时代还很难快速成为数字美学的真正集群与先例。

就当代数字审美格局而言，数字审美理论基于数字技术急遽发展的文化现实，它无法脱离现时媒介语境而孤立存在。数字媒体的发展在不断建构现代生活的生存底色与背景，传统美学发展路径和态势在多元纷杂的数字语境中渐趋落寞，数字媒介作为人的功能的延伸，也在不断拓展数字审美的新图景。数字媒介转型使审美文化发生了诸多新变，这些变化不限于某一领域、门类，而是深刻地渗透到日常文化生活的方方面面，业已导致数字化审美转

---

① 周志强. 听觉与声音、方法与对象 [J]. 东岳论丛, 2018 (10):168.
② 尼葛洛庞帝. 数字化生存 [M]. 胡泳, 范海燕, 译. 海口：海南出版社, 1997:103.

向。因此，当代数字审美格局与数字技术、文化转向以及数据知觉等诸多领域密切相关。

1. 技术与数字化

新世纪以来，技术环境的演进催生了虚拟数字文化、赛博格文化和数字文明，而元宇宙更是使得虚拟员工、虚拟代言人、虚拟主播等虚拟身份频繁出现在公众视野，并借助虚拟身份或IP在社交、传媒以及营销等领域进行价值转化，在诸多领域实现功能转化，整个数字虚拟世界因而变得驳杂而多元，"我们已经迈入一个真正多元、互赖的世界，因而唯有从汇集了文化认同、全球网络化与多向度政治的多元视角出发，才有可能理解和改变这样的世界"①。数字审美以及数字文明为人类文明提供了思考"人是目的而非手段"（康德语）的新的视野和新的场域，这即是探讨数字时代的技术理性与价值理性的问题。"数字方法是用于描述和处理网络文本数据、社交媒体数据等'天生数字'的数据的方法"，②数字技术所凸显的数字文明范式，不仅与技术发达和物质丰盛相关，更与生命政治、文化生活息息相关，因为数字时代，技术即权力、技术即生活。但是，如何从日常生活的琐碎中重新返回理论价值层面，形成指导现实的美的理论，如透过本雅明的独特经验（他经由颠沛流离的一生，以忧郁和沉思以及抵抗来描摹资本主义的面向，对群体以及个体的经验做一般性描述），进而重构"价值理性"与"技术理性"辩证关系的审美效应，是当前数字审美理论建构仍需要考虑的问题。

首先是数字文化转向，现代文明逐渐被数字化，伴随数字文化与数字审美交互关系的背景变迁，西方哲学关注点不断位移，自然、观念、词语、图像的纵向衍变正是数字文化在复杂缤纷的多元文化图景中不断发展的例证。中国数字文化伴随1994年信息革命——互联网的接入而迅速崛起，文化转型急速奔涌，发端于此的审美形态更是踏上了现代与后现代的多种纷争之途。数字文化的兴起不仅是大众文化的后果，更是媒介技术革新重大影响的产物。

---

① 卡斯特.网络社会的崛起[M].夏铸九,王志弘,等译.北京:社会科学文献出版社,2001:32.
② 大卫·M.贝里,安德斯·费格约德.数字人文:数字时代的知识与批判[M].王晓光,等译.大连:东北财经学出版社,2019:4.

技术的高速发展并未割裂当前社会中人与媒介的关系。换言之，技术的发展，方便了人与社会的交往与沟通，更为数字化社会带来发展契机。由技术革命引发的媒介文化变革对传统的媒介文化范式（印刷文本）及体系提出了新的挑战。与此同时，对文化元素中的魔幻、戏仿、复制与拼贴的探讨成为诸家谈论的重点，对历史的反思与对未来的焦虑同时并举。"杂货店耍弄商品符号的模糊性，把商品与实用的地位升华为'氛围游戏'：上等杂货店与画廊之间已不存在什么区别。"[1]置身于数字文化语境或氛围中，传统文化观看方式砰然碎裂，激变中的视觉媒介文化地形因其模糊性而呈现出新的特征，观看也因此成为"知悉现实的首要途径。没有目光的朗照，万物没入黑暗，归于死寂"[2]，这种对浏览式而非沉浸式思考的观审，是对文字建构的阅读秩序之王的权利褫夺，确如波兹曼所言，"当下已由文字为中心转向以图像为中心"，他的这一说法延伸了麦克卢汉的"书籍文化即将到头"，也更为纵深地将文化引至一种德里达式的解构："直接宣布电子媒介时代书籍的死亡——情书、文学、精神分析、哲学一道死亡。"[3]随着审美日常生活化的普及，文化的视觉转向甚至听觉转向都已不鲜见，数字文化语境中的各种机制、方式和形象的普遍日常生活化，也极易造成一种不易察觉的遮蔽，形成复杂甚至抵牾的文化镜像。经由视觉文化所建构的形象俨然成了流动变异的媒介表征与视觉符号，它在特定语境的交流场域中产生，进而借助数字媒介传达给视觉语境中的特定接受者。[4]

"现代生活就发生在荧屏上"，[5]这虽言明荧屏上所呈现的内容即我们的日常生活，但"日常生活的视觉化并不意味着我们必然知道我们所看到的是什么"[6]。现代主义与现代文化赖以存在的视觉文化策略，在现时的文化语境中，逐渐失去了其存在的土壤，由此引发的文化视觉危机与后现代文化同声相应。

---

[1] 让·波德里亚.消费社会[M].刘成富，全志钢，译.南京：南京大学出版社，2000:4.
[2] 谢宏声.图像与观看：现代性视觉制度的诞生[M].桂林：广西师范大学出版社，2012:11.
[3] 谢宏声.图像与观看：现代性视觉制度的诞生[M].桂林：广西师范大学出版社，2012:370.
[4] 周宪.当代中国的视觉文化研究[M].南京：译林出版社，2017:26.
[5] 米尔佐夫.视觉文化导论[M].倪伟，译.南京：江苏人民出版社，2006:1.
[6] 米尔佐夫.视觉文化导论[M].倪伟，译.南京：江苏人民出版社，2006:2.

"当视觉文化的种种形象产品进入特定的接受过程时,不同时期、地域、文化的接受群体,必然会产生接受的差异性和多样性。"[①] "从形象到表征,就是要深入考察从实在世界人与物到概念再到符号的转换关系"[②],视觉文化中形象的表征不是镜子式的再现,而是充满了变数的创造与重构。社会变迁与主体的观念、行为和社会实践是一枚硬币的两面,是一个双向互动的过程,"社会变迁在重构社会的同时,必然也重构了其主体性"[③]。在这场数字文化驳杂的化装舞会中,当代数字化审美所凸显的时空化自我空间,在一种互文性的驳杂张力中跳跃,审美理念决定审美活动的传统遭到冲击,这在某种意义上也是对逻各斯中心主义的解构。

2. 认识论与数字审美

数据化已成为一种认识论。不同于口语时代与印刷时代,当前数字技术、人工智能、生物学飞速发展,数字时代的时空、秩序、身体甚至文学,都无可避免地打上了数据化的烙印。据《2019中国人工智能产业生态图谱》的统计数据,AI技术已全面应用于金融、安防、医疗、教育、娱乐、社交、零售等诸多行业,这说明数字媒介对数字时代的个体数据的统摄与秩序化,映射出身体被数据化处理后与数字媒介相融的境况,而整个世界此时此地的时空变为一个由数字化重叠组成的场域,身体与知觉的数据叠加处理,使得数字符号对情感符号的围猎与控制愈加严重,符号空间中的数字化替代甚至取代了个体内在的情感体认,当前各大社交媒体上的短视频戏仿甚至恶搞都佐证了这一点。数字审美与主体的情感需求紧密相关,而一旦离开身体感知,自身的自足性便难以达成,人的"诗意栖居"也难以实现,数字审美过程中的主体感知—身体—表征的审美逻辑就有被颠倒的危险,数字审美的能指与所指之间的错位即会频发。由此,数据化使整个社会成为一个可被计算、可被编码的数字场域。以各大社交平台的"身体—行为"符号表征的生产与传播为例,人的生活片段沦为表演秀,人的娱乐或消费偏好被大数据即时捕捉,

---

[①] 周宪. 当代中国的视觉文化研究 [M]. 南京:译林出版社,2017:27.
[②] 周宪. 当代中国的视觉文化研究 [M]. 南京:译林出版社,2017:28.
[③] 周宪. 当代中国的视觉文化研究 [M]. 南京:译林出版社,2017:5.

<<< 第一章　数字化审美回顾与透视

微信视频号、抖音、快手、微博等根据网民的实时点击、浏览记录而进行个性化推送,"我们将毁于我们所热爱的"(波兹曼语),商业化的文娱产品被与消费主义捆绑,商品拜物教已然侵蚀了数字文化的诸多领域,通过肉身感知进而形成日常化的、审美图式的消费符号与表征。基于物质基础形成的消费主义数字媒介,天然地带有一种媒介偏向,而基于想要使人类生活朝向更为便捷的方向发展的预期,人工智能正以一种潜移默化的渗透方式迈向新阶段。在口语时代、印刷时代、数字化时代,人类社会的主流媒介有明显差异,媒介所承载的内容也不尽相同,信息传播速度、传播体量以及传播范围等也大为不同,媒介演进不断开辟出新的数字化媒介景观。资讯经由数字技术编码处理并无边际传播,一种基于媒介网络平台的快速复制与粘贴的数字文化已然成型。

　　同质化算法思维深刻影响数字审美逻辑。数字技术时代,人的各类深层级知觉不断被消耗,甚至"首先知觉的并不是物,而是知觉信号"[①]。而当前对数字技术与美学的纵深探讨,就是要揭示技术引起的人的异化,以及如何消解这种异化。后现代文化盛产系统化、标准化的产品,这些看似融合了先进科学技术的数字产品致使审美的内在张力消失。历经20世纪50年代偶发艺术、60年代激浪派艺术,新时期的数字审美把观众的参与和反应当作审美活动的重要组成部分,它具体表现为传播与受众、产品的互动,并在互动过程中参与产品创造,影响产品生成,因而数字艺术最终的形态难以确定、不可预见。计算思维作为一种新的计算思想批判方法,对于数字人文研究和数字审美研究尤为重要,数字技术的发展为数字传播提供了强有力的技术支撑,而数字媒介、数字传播又深刻改变了人们的思维方式、行为方式和审美追求,这又为数字审美文化、数字美学的发展奠定了基础。数字媒介的快速发展也促成了视觉文化的转向,"读图""观屏"等视觉感知方式将视觉主体的具身在场——抽离,容易致使视觉主体陷入一种"知觉固化"的情境之中。卡斯特总结的信息技术范式的四个特性,分别是信息是其原料、新技术效果无处不在、指涉了任何使用这些新技术的系统或关系的网络化逻辑(networking

---

① 波默.气氛美学[M].贾红雨,译.北京:中国社会科学出版社,2018:85.

logic）以及信息技术范式以弹性为基础，正阐明了数字信息技术所导致的同质化运行逻辑。总之，这种计算思维的流行，其间已然蕴含一种"数字镜像"和数字化审美镜像。在这套体系中，隐含着新的美学向度，主体、自我想象与身份指认在发生变化，媒介内容不断互换与重构，如纸质文学作品的影视改编、现实生活的流媒体呈现等。技术更新、媒介转化促使数字文化走向大众，将主体从此时此地、独一无二的"灵韵"仪式时空中解放出来，创造了更为广阔的意义游走空间，进而审美主客体之间的经验受到媒介的形塑，这有助于感觉与理性的统一，因为"凡在两种特性统一的地方，人就会将最高程度的独立性和自由与量丰富的存在结合起来，他面对世界自己不会丧失什么，反而会把世界及其无边无涯的现象吸引进来，使之服从于他的理性的统一体"[①]，进而形成一个数字审美的乌托邦镜像。

　　数字技术的革新促使数字文化理论发展、扩容，以下将从数字时代的审美新变为考察重点，完整呈现并透视当前数字审美的衍变路径，探析数字技术发展与媒介革命对传统媒介提出的挑战，以及如何在整个媒介革新过程中优化数字审美理论与实践。

二、数字化审美的特征与形态

　　媒介融合与数字技术合力构造的数字化文化对社会生活进行了整体性的塑造，由此形成了"超工业化"，即"以程序工业为核心、旨在促进各种'服务'的所有形式的人类活动的一种工业化聚合"。[②] 数字技术与网络媒体深刻地影响了当下的审美实践，使审美发生了全方位的变化。大量利用新媒介技术的工业化数字审美实践凸显了数字时代的审美新趋势。数字化与审美的双

[①] 席勒(Schiller,J.C.F.).席勒文集:Ⅵ:理论卷[M].张玉书,选编.北京：人民文学出版社，2005:210-211.

[②] 贝尔纳.斯蒂格勒.技术与时间:3.电影的时间与存在之痛的问题[M].方尔平,译.南京:译林出版社，2012:286.

重联合重构了审美文化的格局，一种视听融合或全觉审美格局渐趋形成。在审美裂变过程中，以数字化为基础的美学认识论影响了诸多学科。下面笔者将对当前的数字审美对文艺研究的影响进行探析，这些影响主要表现为：其一，视觉性，即当代数字审美在创作、传播等环节中发生了显著变化，进而形成全新的数字审美范式；其二，数字化审美的解构转向不仅颠覆甚至重构了数字化时代的审美实践，对数字时代的主体创作形成挑战，甚至在数字—虚拟的时空中解构了审美行为的创作方式，并且以视觉性的现代性形式，颠覆了传统美学与媒介文化学的审美阐释模式，这种变化正渗透在数字化时代生活的各环节。

（一）视觉性：数字化审美经验

伴随数字文化的展开，人们对与视觉相关的感性与理性、媒介与技术、虚拟与现实、隐匿与显现高度关注。而基于数字审美的重要论题凸显了大众文化背景下的数字审美的新特质、审美主客体的二元对立的幻象消解、数字审美的发展趋势等，诸如数据时代审美的生产方式标刻着数字审美的时代局限——当下社会不仅仅是视听时代，更是"全觉"时代。这些构成论述的理论场域及探讨中心，同时也在建构主体审美、新媒介经验逻辑。当前数字媒介审美关涉诸多方面，对文学交互、超文本、数字技术等理论研究的影响不胜枚举，各种大相径庭的、未经消化的"数字个体"汇聚在一个数字建构的虚拟网格世界中，大数据追踪、分析、处理等也得到充分发挥。置身以图像为中心的视觉文化语境中，对"各种艺术、图像、媒介和日常生活中的视觉所包含的文化与社会建构的研究，这就是视觉性问题"[1]。所以，对于数字文化视觉性的探讨，也应是数字审美新变研究的重点。

1. 数字化审美与视觉性

数字化审美的过程描述与视觉性密不可分。"视觉性即文化的建构"[2]，数字媒介文化最显著的特征之一，就是将人的思维从平面沉浸化推进平面扁平

---

[1] 唐宏峰. 现代性的视觉政体：视觉现代性读本[M]. 郑州：河南大学出版社，2018:14.
[2] 唐宏峰. 现代性的视觉政体：视觉现代性读本[M]. 郑州：河南大学出版社，2018:13.

化，整个视觉世界的所有物，都被视觉化处理。附着于技术的数字化现象及数字秩序结构，与"视看"的问题内在关联。视觉文化（visual culture）作为一个文化学概念，"涵盖了许多媒介形式，从美术到大众电影，到广告，到诸如科学、法律和医学领域里的视觉资料等"①，将社会文化的诸多方面都囊括至视觉性这一广袤的文化学概念涵容。视觉文化是晚近崛起的"以视觉为主因的文化形态"，它开启了一个"世界图像时代"。视觉文化的兴盛，制造了文字与图像的张力，在某种程度上，它"沟通了理想与现实的鸿沟"②，具体而言，数字审美更多地与人的即时视听有关，而视觉更是首要因素，其中关于看什么、如何看的问题，不可避免地受视觉文化中的核心概念"视觉性（Visuality）"影响。这种视觉性即是一种数字文化的建构，是一种人依凭中介——媒介的视觉经验，这也使得"视觉性不同于视觉"。由此可看出，视觉性这一概念潜藏的深层意蕴，即是"人的视线乃是社会的、历史的和文化的建构的产物"③，经由这一过程所建构的数字化审美过程，关涉主体性、文化记忆建构两个维度。

就主体性而言，"视觉性是对交互主体性的建构"④，视觉性不仅关涉历史与文化，更与个体与心理相关。也即在当前数字技术高速发展、媒介融合急遽推进的进程中，现代性的"视觉政体"如何运作？置身于这一庞杂体系结构之中的个体，又是如何分辨多元的复杂视线进而建构属于自身的视觉结构与认知？视觉性即"文化的建构——并使得视觉性不同于视觉，视觉指无中介的视觉经验"⑤。作为一种特殊的话语形态，视觉较一般的抽象语言更具直觉性和表现性，也正因如此，视觉性对交互主体性的建构更为典型，也在更大程度上影响数字媒介氛围中个体的思想、行为和身体在场。视觉文化基于"暗

---

① STURKEN M, CARTWRIGHT L. Practices of Looking: An Introduction to Visual Culture [M]. Oxford:Oxford University Press,2001. 转引自周宪. 当代中国的视觉文化研究 [M]. 南京：译林出版社,2017.

② 伽达默尔. 美的现实性：作为游戏、象征、节日的艺术 [M]. 张志扬,等译. 北京：生活・读书・新知三联书店出版社,1991:23.

③ 周宪. 当代中国的视觉文化研究 [M]. 南京：译林出版社,2017:30.

④ MANGHANI S, PIPER A, SIMONS J. Image: A Reader [M]. London:Sage. Publications Ltd, 2006: 227. 转引自周宪. 当代中国的视觉文化研究 [M]. 南京：译林出版社,2017:30.

⑤ FORSTEREDS H. Vision and Visuality [M]. Seatle: Bay Press, 1988: 91–92. 转引自唐宏峰. 现代性的视觉政体：视觉现代性读本 [M]. 郑州：河南大学出版社,2018:13.

箱"机制和数字虚拟技术,抽离视觉主体的身体在场,而数字界面上的二维平面重构身体的再现,同时将交互过程中的主体性认知,建立在两个甚至多个主体之间。数据以编码的形态建构、设置具体时空中的某种情境,赋予身处情境中的听者的身体性空间氛围,具有了一种类似"迷狂"的氛围,视觉场域中的主体,受科学技术的形塑,不断强化自身的视觉世界,所谓"所见即所得",而正确视看可能与智性相关。因而,视觉性对主体性的建构,必然是建立于交互的主客体之间的,即单一个体的眼睛难逃厄运,其视觉理性若没有智行控制,则将会被彻底摒弃,也即数字文化氛围中的虚拟、多重以及驳杂,若不深入事物内部,眼睛所直接获取的信息仅只是表层,可见之物背后的不可见之物将被永远藏匿。心灵之眼的视觉性作用由此凸显,即经由视觉性克服肉眼的不稳定性和歧义性,借助这种隐含"数字—生命"的视觉政体,因此心灵之眼形塑诸多,依凭视觉仍能抵达真相的渠道。于是,可将视觉性看作一种数字文化隐喻,在这种隐喻之中,能指与所指在意义的漂移、流离中与身体的感知相去甚远,人在虚拟情境之中,无法区分何为现实,何为虚拟,势必给人的审美蒙上一层不确定的阴影。从口语时代到数字时代,数字与人的关系逐渐改变,最初的数字并非人与世界交往的唯一媒介,至印刷时代,人将其所存在时代的知识,纳入收藏文本——印刷图书,而图书分类的原则,也被这个时代的技术吸收。再至电子信息时代,文化记忆建构依赖视觉性,甚至视觉性本身都成为建构的一部分。而生活在数字时代的现实主体,历经诸多数字化生产镜像,同样以个性化的方式生产个体的数字化经验,进而转化成某种主体性的"文化记忆建构",而主体性渐趋被隐匿。

从文化经验建构来看,借鉴周宪"视觉的社会建构"与"社会的视觉建构",着重探究媒介文化的中心——媒介视觉性,视觉性的"高度媒介化或媒介的高度视觉化"不可避免地导致视觉"奇观"的出现,"视觉在消费社会中已经高度资本化了"。[①]在一个其他方面都是冷冰冰的物质主义和法则规定的世界里,数字审美经验似乎成了一个自由、美和理想意义的孤岛;它不但是最高愉快的关键所在,而且是精神皈依和超越的一种方式;相应地,它成为

---

① 周宪.当代中国的视觉文化研究[M].南京:译林出版社,2017:15.

解释自身变得日益自律和从物质生活与实践的主流中超脱出来的艺术独特品性及其价值的核心概念。即使是在艺术世界,"为艺术而艺术"的信条只能是意味着艺术为其自身经验的缘故而存在,而数字以编码的形式,成为艺术的一环。为了扩展艺术的领地,该信条的支持者们主张,"任何东西,只要能产生适当的经验,都可以成为艺术"①,这似乎将视觉所触之物,都视为一种瞬间感知到的艺术。不同时代总是根据时代的特殊需求,展开对文化遗产的选择性吸收,不妨说数字化审美是随机械复制的发展而不断兴起的。从肖恩·库比特对打字机键盘设置不规则问题的探析可知,数字审美经验的革新,正是基于技术革新以及背后的整体文化流通逻辑底色之上:它在数字与技术中创生与更迭,并以丰富的媒介文化形式表征审美的实践过程。新技术的生产与艺术的发生,应当以一种新的审美思维的理论视野去看待。该理论的最终目的便是"让我们发现改善生活的路径"②,建构新媒介革命视野下的数字化审美过程中的视觉性。

回溯西方文本的媒介认知,印刷媒介无疑占据着重要的文化地位。自约翰·谷登堡(Johann Gutenberg)的活字印刷术在欧洲出现,欧洲世界认为手稿的存在价值高于印刷物的价值百年有余,与之类似,当下的印刷文本价值也被人视为高于电子文本。人对新生事物的态度,是随着生产力及与之相匹配的生活方式的变革而变化的,"印刷就是第一种重大的与个人无关的媒介",③ 在当前数字媒介发展方向悬而未决的境况下它仍举足轻重。而网络传播的全面普及建构了一个新型的闭环系统,这个系统的终端是各类数字媒介、海量信息。起源于20世纪60年代的互联网(Internet)计划,最初目的仅是"为了防止苏联在核子大战时占领与破坏美国的通信网"④。而20世纪70年代美国加州硅谷的信息技术革命被视为资本主义模型化转型的转化力量。21世纪以来,"一种新的透镜正在影响着我们看世界的方式"⑤,数字技术更是以飞

---

① 舒斯特曼.生活即审美:审美经验和生活艺术[M].彭锋,等译.北京:北京大学出版社,2007:20.
② 韦尔施.重构美学[M].陆扬,张岩冰,译.上海:上海译文出版社,2002:2.
③ 威廉斯.文化与社会[M].吴松江,张文定,译.北京:北京大学出版社,1991:380.
④ 卡斯特.网络社会的崛起[M].夏铸九,王志弘,等译.北京:社会科学文献出版社,2001:51.
⑤ 艾登,米歇尔.可视化未来:数据透视下的人文大趋势[M].王彤彤,沈华伟,程学旗,译.杭州:浙江人民出版社,2015:5.

速发展深刻地影响人的观看方式。而以数字技术为代表的新媒体艺术，提供了一种新式的审美体验模式，传统感知判断的审美正被拟象的虚拟现实消解。美学的重构并非严格意义上的重组以及搭建，这种重组更多地体现为对数字图景中视觉性审美方式的新阐述，"美的整体充其量变成了漂亮，崇高降格为了滑稽"[①]。美学俨然已成为一种自足的社会指导价值，彰显着人对知识的理解变化。在数字时代应避免数字媒介和社会环境对人的异化，并基于此寻求个人主体精神空间的人文精神与美学价值，寻绎跨媒介美学视角下的视觉文化与审美转向。

2. 数字化审美的解构转向

随着数字技术的发展，数字媒介以丰富多元的文本形式，介入主体审美。书籍一向被认为是理性的"代表"，视听文娱很难成为精英阶层用以凸显其身份标识的符码。但在大众文化的裹挟之中，它成为市场渲染"日常生活审美化"的一种物质实体，审美空前泛化，私人空间日渐消弭，这也致使审美成为一种公共空间中的互动参与行为。数字化生存影响所及，人们趋向从图片、声影中寻觅知识的碎片。电脑自身及其技术性所带来的诸多不确定性，改变了全球互联网虚拟空间中人与人的交往，缩短了心理时空距离。

从深度审美到泛审美化。艺术品的"即时即地性"表现为一种娱乐氛围的审美营构，正如麦克卢汉对爱伦·坡《大漩涡》中水手逃生进行分析的方法观点，对当下数字审美特征的描述，也需要以一种理性的旁观态度去理解看待，从中获得展望未来的从容，将一切文明都纳入我们这个时代来考量，"图像—造型艺术的发展，导致了模仿和符号意义上的图像概念的消解"[②]。数字化审美实践的内核是虚拟性，世界呈现出从"原子到比特"（尼葛洛庞帝语）的飞跃，经由网络而链接的社会，数字化时空的改变将无所不在，世界真实时空中的各个语境被数字化、拟像化，人的想象深度被具体的视听场景夷平。多媒体的变化内蕴个体经验的转变，也就是个体在不同的时空维度中经验切换的自由。电子媒介成为社会各个阶层进行创作、表达自我的载体，

---

① 韦尔施.重构美学[M].陆扬,张岩冰,译.上海：上海译文出版社,2002:6.
② 波默.气氛美学[M].贾红雨,译.北京：中国社会科学出版社,2018:6.

机械复制技术的灵韵凋谢,消殒了氛围的本真性,这种消费的、浅层的数字化审美是趋同、单一、碎片化的,这在某种程度上也是一种居伊·德波(Guy Debord)所谓的"奇观",它们的手段和目的都是同一的。于是,伴随数字技术的急邃发展,数字媒介景观中的传统审美范式已然被更新,审美被数据化裹挟,传统的严肃与价值都被流水线生产替代,人对数据极端快速变化中的反应"总是尽力使自己摆脱厌倦"[1],对不确定性的变化表现出极大关注与强调,但同时也使得对现实世界中不变因素的准确把握变得更难——当我们适应一种动荡的、变化的以及不稳定的媒介文化氛围之时,"一个团体能理解的,另一个集团的成员就无法理解"[2],5G技术连接多元媒介与世界,甚至产生了一种无处不在的万物互联的媒介景观,传统审美范式中主客的二元对立与分立,在数据化的审美氛围中,审美距离的沟通功效极大减弱,美、丑的界限随着主体在数字场域中的沉浸而逐渐消弭,物理距离替代审美距离,主体不再思考此外的意义世界,媒介与主体深度融合,甚至参与审美的建构,因而一种模糊、泛化的审美范式流行开来。以流媒体界面上的弹幕语言为例,这种互动性极强的观看方式,解构了视频语言元语境的本真性,无数观者在碎片化的弹幕评论中,将视频、弹幕与个体生命体验汇合而趋向一种立体言说,进而形成"人—媒介—数字环境"的跨屏叙事现象,主客双方在彼此的对话中实现再创造,不再需要深度想象的注意力;另一方面媒介的即时反馈与互动,使得观者的审美走向碎片化,从消费主义视角看,即是娱乐式的消费解构了元视频的严肃性,这种狂欢化的互动,看似实现了双向的互动,实则是双向的悖论,即对于表面现象、流于屏幕界面的调侃式的快感满足和碎片化消费,消解了艺术与娱乐消遣的界限,"艺术的边界在数字艺术中被打破"[3],进而使得人对深度意义追问戛然而止,人—机界面本身的存在即是碎片化的媒介偏向,数字化审美呈现出泛审美化的解构说明。在新世纪数字视觉文化中,数字技术与媒介的多元融合致使印刷文本成为最为重要的在场缺席者与缺席的在

---

[1] 阿恩海姆. 视觉思维:审美直觉心理学[M]. 滕守尧,译. 北京:光明日报出版社,1987:129.
[2] 阿恩海姆. 视觉思维:审美直觉心理学[M]. 滕守尧,译. 北京:光明日报出版社,1987:78.
[3] 牛春舟,朱玉凯. 梅洛·庞蒂知觉理论与数字艺术审美体验转向[J]. 社会科学战线,2022(1):251–257.

场者——印刷文本最初能激发人进行深度思考的文本性功能发生了娱乐化转向,而作为数字媒介的元文本则表现为信息符号的浅层数字性功能。

数字文化权力的颠覆与重构。数字技术"所获得的凌驾于社会之上的权力建基于经济所拥有的凌驾于社会之上的巨大无比的权力"[1]。具体呈现为一种去中心化的数字结构,传统美学主客二元对立的范式逐渐被一种多元的、去中心化的美学范式取代。韦尔施认为视觉文化是理性主义的产物,而视觉与理性主义的关联最早可追溯至古希腊时期,视觉性与柏拉图的洞穴之喻相关,视觉意味着洞见、光明、证据、理论与理性。随后,在米歇尔·福柯(Michel Foucault)的阐述中,视觉或凝视与理性合谋,建构起一个规训的体系,有如杰里米·边沁(Jeremy Bentham)的"圆形监狱",一个不知目光来自何方的规训建筑。中央的观察哨充当了一种无形的监视,即使哨所中空无一人,方格囚室中的犯人也会被一种视觉束缚,这种视觉或许是来自对面囚室,或许是来自哨所,又或许是一种来自内心的理性的幽微视觉符号,无时无刻不在监督他们成为理性的文明个体。而纵览数字化时代,"圆形监狱"的规训有增无减,数字化时代的所有踪影都成为电子媒介监控的对象,它们无时无刻不在记录、呈现,将所谓的世界的本来面貌尽收眼底。大街小巷的监控摄像头静默不作声,却记录下镜头前发生的一切,让一切黑暗、光明、实存、瞬间都定格在镜头面前。街头监控摄像头的这种摄影与听觉的融合,使万物皆被审视,同时也解构了数字化审美发生过程的感性因子,人类无声地活动,审美却渐行渐远。

20世纪90年代,数字"传媒系统的爆炸式的发展与呈几何级数的扩张"[2]使数字审美权力场域发生了巨大变化,使得数据与人的关联更为密切,电脑甚至"日益变成我们自我的一部分"[3]。库比特对比数据时代的网络,认为数据时代的"网络"仍是延续了一种"流"的关系来加以稳固的。与印刷文本的标准化、同质化不同,数据时代的超文本带来的正是一种去中心化或者说不

---

[1] ADORNO T W, HORKHEIMER M. Dialectic of Enlightenment, [M].New York:Herder & Herder,1972. 转引自马特拉,等.传播学简史[M].孙五三,译.北京:中国人民大学出版社,2008:47.

[2] 戴锦华.隐形书写:90年代的中国文化研究[M].北京:北京大学出版社,2018:27.

[3] 库比特.数字美学[M].赵文书,王玉括,译.北京:商务印书馆,2007:序言.

断变换的中心。呈现于荧屏之上的文本并非单一的，而是由多元的文本拼贴、组构而成。文本的媒介属性与数码特性影响数字时代的审美形式与功能：首先是数字文本对印刷文本的文化功能瓦解，印刷文本目的在于激发读者在片刻私密的阅读时空中，形成理性的思维方式以及文化氛围。但数字网络时代，信息流动加快加剧审美个体心理感知基础的坍缩与重构，以数字媒介为支撑的全球网络的形成不仅是媒介的数字化，更表现为全球网络受众的科技崇拜。数字化网络的构成与渗透犹如蛛网般覆盖延伸，虽为居于数字网络中的个体提供自我言说的平台，但它也使每一个个体中心形成相对他者的边缘，进而构筑"人人皆中心，处处是边缘"的媒介场域。与此相对应，反映数字审美变化中的数字文化发展史，是一个不断否定、不断发现、不断重构的数字化裂变史。

对于"去中心化"，乔纳森·卡勒（Jonathan Culler）如此理解："如果思维和行动的可能性是主体不能控制的，甚至不能理解的一系列机制决定的，那么这个主体从它不能在解释事件时成为可以引证的根源或中心这个意义上说就是'失去了中心地位'。"[1]这种解释可以很好地理解数字时代去中心化的审美范式。但是也应看到，在当前无所不在的数字媒介技术所建构的全觉媒介场域中，所有的话语、场域中的一切视像，都会被纳入一种全景敞视的监控体系中。看似打破阶级区分的网络社会，看似实现了真正意义上的平等对话。但实质上，这种伪平等是一种新型权力场域的特征。大数据监控体系使精英的掌控更细致精准，使网格化管理、不同认知群体的数据区隔，乃至整个数字社会的体系化管理都得以实现，它在促进社会管理精准严密的同时也带来了新的问题。在这个体系之中，客体化的数字技术成了隐形的权力，发挥话语指令功能，尤尔根·哈贝马斯（Jürgen Habermas）忧虑的工具理性凌驾于价值理性之上的危险有增无减。

在数字时代，真正意义上的"个人化"即个人选择的丰富化以及世界呈现的多元化。如前所述，在这个追求自由的赛博乌托邦中，人作为主体难以实现真正的自由。权力仍无所不在，它变换着各种形式，渗透进数字化社会

---

[1] 卡勒.文学理论入门[M].李平，译.南京：译林出版社，2008:114.

的各个网格之中。库比特显然对此有所警觉，在库比特对数字成像、数字影像特技、数字声音合成等领域的审视过程中，他想在断裂与不连续处呈现人文关怀，表征一种理性的文化符号，它们一同对抗数字技术的标准化、同质化、强制性，与数字网络中蓬勃生长的流媒体、视频号、软文等个体话语相呼应。在这种数字化权力结构之中，他的数字美学不是反对数字技术，而是想要借技术实现某种巴赫金意义上的狂欢与平等，建构一种新的秩序，但他似乎忘了，媒介一开始就已然被规定了某种偏向。

（二）数字审美新变的文艺影响

"文化工业的诺言不过是一种幻觉"[1]，马克斯·霍克海默（M. Max Horkheimer）与西奥多·阿道尔诺（Theodor Wiesengrund Adorno）将奥德修斯（Odysseus）与塞壬（Siren）的故事被视为启蒙辩证法的隐喻，资本主义的消费欣快症和大众文化就像魔女喀尔克（Kirke）的迷幻药。"审美文化作为审美社会学的核心范畴，是指人类审美活动的物化产品、观念体系和行为方式的总和"[2]，伴随数字文化而来的，是生活中充斥的各类数字文本的时空容量被无限扩张，汉斯-格奥尔格·伽达默尔（Hans-Georg Gadamer）以费奥多尔·米哈伊洛维奇·陀思妥耶夫斯基（Fyodor Mikhailovich Dostoevsky）长篇小说《卡拉马佐夫兄弟》（*The Brothers Karamazov*）中的帕维尔·费尧多罗维奇·斯乜尔加科夫（Pavel Fyodorovich Smerdyakov）从上摔下来的楼梯描写为例，认为读者对梯子的个人化认识有赖于作者的生动语言描写，以及经由语言描写而激发的不同楼梯形态的想象填充，此即为文学语言允许读者"去自有填充的空间"[3]。对楼梯描写的文本辨析，实质是反观信息时代必然会存在的文艺困境，即语言文本与数据文本中的"符号、媒介、语言等一系列概念，在文字

---

[1] 马克斯·霍克海默,西奥多·阿道尔诺.启蒙辩证法:哲学的片段[M].渠敬东,曹卫东,译.上海:上海人民出版社,2006:126.

[2] 叶朗.现代美学体系[M].北京:北京大学出版社,1999:243.

[3] 伽达默尔.美的现实性:作为游戏、象征、节日的艺术[M].张志扬,等译.北京:生活·读书·新知三联书店出版社,1991:43.

的机制中成为可能"①能否适应数字时代的媒介形态？文本内容与个体思考深度对文艺创作的影响何为？媒介载体革新的深远影响从数字文学以及相关文艺研究中可管中窥豹。

1. 数字文学

文学在新媒介更迭的浪潮中，所面临的不再是文学是否终结，而是文学如何新变的问题。超文本的繁荣，文本的不同形态丰富多元，人们很难确认自己所看的文本是否为同一个文本，原作的本真性遭遇挑战。数字与网络的联姻，所形成的技术指向文学艺术门类，依凭于互联网的数字文学改变了传统的文学叙事、传播和阅读模式，同样也承载着数字审美理念、媒介基础和生命体验的变化，数字文化的媒介文本与文学形态的文学文本对读者与观者提出了新的要求，催生了新的阅读、接受方式与审美模式。

"数字性为文学研究提供了一种着重数字科技媒介自身如何组构物质、生成审美经验的过程性视角"②，伴随数字媒介兴起应运而生的数字文学具有跨学科特质，具体呈现为超文本、超链接等形式。罗伯托·西曼诺夫斯（Roberto Simanowski）反对数字文学研究过度关注媒介属性，坚持文学性以确立数字文学的合法地位。这一观点揭示出文学与媒介之间的裂隙，但裂痕可能是技术与文学研究内蕴新的契机。但数字文学、数字审美也开启了各个领域与学科的跨学科融合研究，如文学研究中"远读"范式的计算科学研究、文学与传媒学的融合研究、数字艺术史研究等，都是基于一种文学文本的先见理论与实践整合，进而使得数字文学的研究朝向多元化、全面化发展。数字化审美实践丰富了数字文学文本的形态与创作方式，文学文本建构因而具有互文性，文本的意义在作者、读者以及数字文本、数字时空中不断被创造，加入新的元素与内容，进而被重新定义。

除了跨学科性，数字文学还具有技术指向性，文学文本因此具备超强的动态性和超文本性。凡尔赛文学话术文本在各大网络平台风靡，定位文学（locative literature）、融合文学、社会学以及定位数字技术在数字文本语境和

---

① 朱立元. 西方当代文艺理论 [M]. 上海：华东师范大学, 2014:226.
② 李沐杰. 数字性作为文学研究视角 [J]. 外国文学动态研究, 2021(2): 64–72.

读者现实时空中动态联系，利用新媒体技术的现时情境引导读者或观者，从中获取更好的观看体验。于是，数字文学作为一种高度依赖数字媒介技术的文本形态，在数字媒介变动、融合的过程中不断发展变化：2007年"阅读数字文学"研讨会上，研究者克里斯·冯克豪斯（Chris Funkhouser）对系统生成的诗歌进行了数字化分析，展示了其对Syntext（综合文本）诗歌的研究成果。2019年《批评探索》春季第3期发表了美国圣母大学助理教授笪章难（Nan Z.Da）的论文《以计算的方法反对计算文学研究》（*The Computational Case against Computational Literary Studies*）对计算机介入的文学研究提出系列诘问。再如英国学者马丁·李斯特（Martin Lister）认为"新媒介可以用来指代——'文本经验'（与文本模式、娱乐、愉悦以及媒体消费的新类型）"[①]的观点也显示出其对过往媒介断裂与变形的关注。上述研究虽未成体系，但依然展示出学界对数字文学与媒介技术关系的关注与重视。

可见，文学与数字化技术联姻是数字化时代文学发展的新生长点。但以往小说阅读中的私密性，那种人们在路途中"通过读小说来营造一个小范围的私人空间"[②]的传统也渐行渐远。当前网络文学文本的"在线"创造很大程度上是源于个体互动、游戏、交流以及表述的需要，因而文学文本的文学性（literariness）面临着被遗忘或被遮蔽，甚至被"祛魅"（disenchantment）和消散的危机，文学的"在线"掩饰不了使一部作品成为文学作品的逸散的"文学性"。经由新媒介的促动，文学文本形态也逐渐从"文本"向"平台"转化，数字媒介平台上文学文本中的字、词、语句，经由闪烁着光亮的界面呈现，文字背后的思想、象征等都被一层数字媒介光环笼罩，"由于文本是对话性的，因此它总是有意识地指向未来"[③]，如果说优秀读物存在的前提是读者忘却自己所处的时空与身份，是读者经历本身的逐渐消失，那么数字时代的优秀受众的存在基础当是受众沉浸于虚拟—现实的场域中，是观众经历本身的唤醒与回溯，是系列全新感知、想象和体验。

---

① 李斯特，等. 新媒体批判导论[M]. 吴炜华，付晓光，译. 复旦大学出版社，2016:13-14,155-158.
② 库比特. 数字美学[M]. 赵文书，王玉括，译. 北京：商务印书馆，2007:23.
③ 库比特. 数字美学[M]. 赵文书，王玉括，译. 北京：商务印书馆，2007:39.

2. 数字艺术

20世纪90年代至今，数字技术、电子媒介急遽发展，数字化始终是一个无所不在的潜文本，始终是"一个'所指'不断增殖的'能指'"[①]，同时是一个媒介技术的别称，一个超文本的总括。数字技术的进步开启了传媒发展的新纪元，建构了我们的日常生活。随着数字技术的急遽发展，诗人"小冰"火遍全网引起大讨论，二次元虚拟人物发表作品让人讶异，人们的生活、生活方式以及看待世界的方式，都仿佛在数字化的裹挟下，变得神奇莫测，媒介平台上的艺术生产主体很难用传统的理论话语进行界定，若说它是一种虚拟的存在，它们以一种特殊的虚拟方式，生产出人类社会中的大量艺术作品，印刷文本"死亡"或为夸张说辞，"式微"大抵可视为恳切之辞。媒介以虚拟的形式，吸引更多的人沉浸于图片浏览，而减少文字的深度阅读，即使是被改编的文学作品，也需要借助大众媒介的传播与推广走进观众的视野，方能实现其跻身热门、掌握流量密钥的重要转变。即使是最晦涩的文字，经由大众媒介的图像、影像编码、转码，也能焕发出全新的生命活力，成为大众广泛阅读的产品。这一悖反性的现代性境况折射出当前视觉文化与数字媒介之间依赖与裹挟的相互作用——依凭图像，文字方能得以重新焕发出新的活力。

数字艺术形态革新带来数字美学研究对象的变化。相较于20世纪，互联网（Internet）与数据终端的联合为全世界范围内人们获取信息提供了更为方便、快捷的信息化渠道。传统美学的主客二分研究方法论在信息数字时代变得不合时宜，数字时代的审美方法论似乎应借鉴媒介生态学的视角，本雅明所谓的"灵韵"仪式时空中的观赏对象被复制技术复活，也因此带动艺术作品媒介不断更新。近年来元宇宙、二次元人物、数字藏品、云端宠物等词火热出圈，虚拟人物、虚拟娱乐以及虚拟职业等层出不穷，美国麻省理工校园中伫立着的、著名建筑家贝聿铭所建造的"媒体实验室"（Media Lab）体现出创造未来的科技元素，在这所媒体实验室中的研究人员达成了共识，电脑会改变我们所生活的世界，"多媒体一方面代表新的内容，一方面也代表用不同

[①] 戴锦华.隐形书写:90年代中国文化研究[M].北京:北京大学出版社,2018:76.

的方式来看旧内容"[1]。雷蒙德·威廉斯（Raymond Williams）认为，技术是中性的，"技术的使用并没有取代任何一种社会活动的形式"[2]，技术美学的探讨与媒介美学关系的探究触类旁通。技术的发展助推媒介工具性走强，技术成为人类身体和思想的中介设备，媒介经由技术，形塑着人的思考方式和行为实践，影响到新的审美格局与审美方式的生成。本雅明借电影这一社会的棱镜凸显技术、媒介和审美的紧密关系，他认为国际喜剧大师卓别林在电影中的人类行为与图像呈现结合在一起，构成一个整体形象，因而使得机械复制时代"展示价值构成艺术作品的价值"，转化至数字时代"互动价值构成了艺术作品的价值"[3]。

数字科学所凸显的媒介的虚拟与现实向度具有重要意义。虚拟现实使得用户自身成为计算科学的一部分，网络平台上虚拟数字人的大量涌现，诸如虚拟主播、虚拟员工、虚拟明星，如洛天依、央视网小 C、OPPO 小布等，通过积累平台流量以及人气进而获取更多工作、利益或身份。除此之外，数字科学技术的更新改变了人的娱乐方式，沉浸式游戏出圈，传统电子游戏的体验方式有了质的飞跃，正因为数字科学技术的耦合，虚拟身份以及娱乐、生活方式极大改变，元宇宙大门开启了。"美是两个内在驱动力的共同对象，亦即游戏内在驱动力的对象"[4]，通过科学美学中的内容变化与形式革新，传统艺术形式在新的媒介载体中再次呈现，不论是文学、电影、绘画、雕塑、音乐，都在数字科学技术的加持中与传统艺术形式融为一体，交互性、虚拟性以及综合性等特征更是增强了数字媒介技术的整合与进步，凸显了当代数字文艺的多维面向。

化用文化研究学者戴锦华的话，数字文化研究既能"标示战后（西）欧（北）美世界，如英国对全球化、文化工业、大众文化、消费社会的正面回应，是新的学术领域、新路径、新范式的开启，更是试图穿越学科壁垒进而使学

---

[1] 尼葛洛庞帝.数字化生存[M].胡泳,范海燕,译.海口：海南出版社,1997:80.
[2] 威廉斯.文化与社会[M].吴松江,张文定,译.北京：北京大学出版社,1991:380.
[3] 孙为.新媒体时代美学的数字化重构研究[J].中州学刊,2014(12):167-171.
[4] 席勒.席勒文集：VI: 理论卷[M].张玉书,选编.北京：人民文学出版社,2005:218.

院高墙，朝向社会的学术、理论与实践"①，又能在广义的视角上揭开对数字时代视觉文化的新型审美分析，凝练为数字审美历程的表达视窗。数字审美新格局，面临多元与冲突，正如托夫勒的《第三次浪潮》中的断言，未来社会将会出现计算机文化文盲与影像文化文盲，实质上也就是对未来社会媒介形态的一种表述：文字在某种程度上将会成为图像或技术的附庸。

三、数字化审美透视

在全球化时代审视数字化审美，不能不关注全球化的文化效应。全球化不仅是物质基础、生产基础的大流行，更是某种语义和意识形态在不同媒介文化语境中的跨越和转换，全球化与数字化相伴而行，数字化在全球化进程中承担重要作用。随着西方工业革命直至20世纪的信息革命，科学技术和地理分布更为深广，数字审美的发展趋势也逐渐呈现一种超越态势。全球化新媒体的各种文学文本，如电影、电视文学等面临着媒介融合时代的巨大变革。而人们对媒介公共性的期望，无疑会遭到来自资本、权力等的裹挟与限制，全球范围内的数字技术更新与推进，电子互联网的普及，是数字全球化的重要表征，它对整个社会的各个学科发展产生了迅速、深远、广泛的影响。

若说全球化促成了政治、经济的互通与关联，使得现代社会从信息化转型向数字化转型过渡，体现着整个世界数字文明的进步，整个社会的数字化转型已然席卷所有角落。那么全球化进程使得世界成为麦克卢汉所谓的"地球村"，整个世界在数字化平台上声息相通。当下的数字媒介变革面临着更多外部环境的不确定性，而媒介也与数字审美更深刻地黏结，新媒介技术"导致的图像泛滥或拟态环境使得观众放弃理性思辨，将审美回归感性，理性的思辨与结构的阐释被视觉奇观取代"②，因而呈现一种奇观式的观看范式。现代

---

① 戴锦华. 隐形书写:90年代中国文化研究 [M]. 北京 : 北京大学出版社 ,2018:4.

② 孙为. 新媒体时代美学的数字化重构研究 [J]. 中州学刊 ,2014 (12):167–171.

性的后果无可避免地呈现出破碎、偶然、孤立、有限等特征。科学这一"现代的根本现象",也成为现代性难以绕开的话题。现代社会中,尽管"权威主站保持不变,但依然凭借阐释信息的能力而获得权力"[①],全球化背景下的历史和视觉化作为一种数字化媒介的现实相互构成,彼此交错。

1. 全球化进程中的"数字生态"

对于"什么是全球化",希利斯·米勒(Hillis Miller)认为它"既表明一个过程,同时也指一个既成事实。它有时指已经发生了的事情,有时则指正在发生的事情,或许离完成还有一段长长的距离"[②]。米勒的一番描述十分切近当前世界的数字化格局——一种现代化甚至后现代化的世界状态,社会生活的所有环节因为全球化得以黏结。经济全球化带来了国际分工与国际贸易的转化,世界经济的快速崛起及快速发展造成了贫富差距、环境保护以及"新殖民主义"的余续,全球(global)与网络化(networked)促动媒介变化,媒介又经跨时空社会交往的技术与机构重塑。当面临多重向度以及社会结构的变化之时,由互联网所带来的新型网格化体系显现出数字时代的系统化、同质化等特性。经由数字化,电子和印刷文本的媒介实现了一种"数字生态"的生成,而这种生成并非融合或是断裂,而是不同关系的碰撞与交叉。数字化生存已然成了一种决定我们生活的思维、感知、经验记忆和交往模式的场域,在这个全球化元素渗透的场域中,人、人与世界都发生了深刻而又不可逆的变化。相较于印刷时代,人与媒介的关系发生了重大变化,数字技术形塑诸多媒介形态与人类感知范式,大量丰富的视觉符号与形象共同建构社会主体。数字时代的读者陷入与公共阅读时代的读者相同的矛盾中,"主体不得不在无穷无尽、层层叠叠的示意的书架中追寻客体世界,寻找那个不可能存在的客体:欲望、总体知识、总体控制"[③]。处于这一时代的人带着由数字建构起来的审美氛围,去展开对整个世界的认知和审美,却又表现出新的特点。全球化助推数字审美呈现多元化、本土化以及民族化的特性。

---

① 唐宏峰.现代性的视觉政体:视觉现代性读本[M].郑州:河南大学出版社,2018:145.
② 米勒,郭英剑.论全球化对文学研究的影响[J].当代外国文学,1998(1):154—161.
③ 库比特.数字美学[M].赵文书,王玉括,译.北京:商务印书馆,2007:29.

首先，是多元化，全球化进展推进物质极大丰盛，促动媒介多元共生，而在视觉媒介领域，对媒介的物质性考察无法略过。在以数字媒介为基础的"图像文化"中，数字媒介场域中的视觉行为或表意实践因为受到数字媒介的渗透与侵蚀，因而带有极强的数字化特征。在第二次浪潮冲击下，人类社会步入"瞬息即变的文化"的时代，那阿尔温·托夫勒（Alvin Toffler）所谓的"第三次浪潮"席卷而来之时，电子计算机为无生命的环境输入智慧，扩大了社会记忆，产生了新的全球观念、理论以及艺术见解，彰显出互联网及数字媒介的全球联动发展态势。我们的生活，"正在被全球化和认同的对立趋势塑造。信息技术革命和资本主义的重构，已诱发一种新的社会模式——网格社会。它的典型特征是战略决策性经济活动的全球化，组织形式的网络化，工作的弹性与不稳定性劳动的个体化，由一种无处不在的纵横交错的变化多端的媒体系统所构筑的现实虚拟的文化（Culture of Real Virtuality），以及通过形成一种由占主导地位的活动和占支配地位的精英所表达出来的流动的空间（Flowing space）和无时间的时间（Timeless time）而造成的生活、时间和空间的物质基础的转变"①。文化的现代性与视觉的现代性密切相关，精神价值与人文价值被解构和重构。

其次，是民族性，视觉文化的全球化进程中，无可避免地存在着本土化与全球化的冲突与融合。此时的数字文化亦随之呈现出各自鲜明的本土化，但若直接言明世界各国"被全球化"似乎言过其实，但从数字化对现时生活的影响来看，又能十分真切地感受到全球化对现代生活的影响与渗透。当前数字媒介与纸质媒介尚处于更替状态，伴随全球化而来的，是文艺生态与现实世界中的民族文学具有迈向全球化国际视野格局的历史梦想，以及与世界各国文学对话的时代契机。强权文化与弱势文化的较量也由此显出其意味，即弱势文化经由全球化浪潮的洗礼，其被悬置、被放逐的境遇更为鲜明。这种矛盾是由于世界各国政治、经济、文化的不平衡、不平等造成的，具体表现在政治、经济、文化等方面，相对弱势的国家由于其自身发展的历史局限，致使其在全球化的进程中更多地处于文化输入、本土文化边缘化的严峻境况，

---

① 卡斯特.文学理论入门[M].曹荣湘，译.北京：社会科学文献出版社，2006:1.

而隐匿了本民族文化的特征，文化上表现出自卑心理，更会加剧其与其他国家的文化对话（包括数字文化交流与建设）的"失语"势态。这意味着，在数字化时代，弱势民族、国家的民族文化的本土性仍难以得到应有发挥，传统依循的文化根基与数字全球化的融合呈现出一种既本土又全球化的面貌，这种双重性也使得全球化数字文化图景中的本土文化极为复杂矛盾。以中国为例，"进入21世纪以来，以网络文学迅猛发展为契机的中国数字文化，探索出了一种中国特色数字审美'新文创'生态延展模式"[①]，李子柒系列美食视频在国际上赢得广泛追捧，即是因为现代人对中国传统美学中的田园牧歌、人与世界和谐一体的图景和美学理想充满向往，这显然有利于中国优秀传统文化的广泛传播。但类似的现象级文化传播案例还较少。

　　最后，是异质性，全球流行的数字化技术从一开始就体现着人类改造与控制自然的权力意志，并反过来影响人类社会与自身形态，因而数字技术的全球化进程中必然会面临人文主义的审视，即首先确证人作为主体的价值与先在性意义。因为全球性的数据化促使互联网蛛网蔓延，这种伸展并非只是技术创新或工具创新，而是承载着人本主义的价值与宗旨，数字化与全球化结伴而来，但并没有改善人类现存的社会结构，反而"加深了当代社会的阶级分化"[②]。尼葛洛庞帝的"数字化生存"也并非全然自足的生存状态，虚拟—现实的多重镜像和现实世界格局为人类的未来助力良多。但高科技技术加速发展的同时，也携带诸多消极影响诉诸人类，世界高度数据化，互联网、大数据的延伸与犯罪同步增长，计算机信息产业拉动世界经济飞速发展的同时，也会破坏原有的传统经济格局，世界局势的动荡与不安正可说明这一点。同样的，各民族的母语在语言霸权的侵袭下，也被迫开始了语言的外来接受，诸如英语对现代国家民族语言的殖民化渗透加剧了弱势民族语言使用的不平等地位。

　　全球化既为数字审美呈现多元化、本土化、民族化面貌提供了新机遇，也对数字审美产生了许多消极影响，值得我们高度重视。

---

① 陈定家,王青.中国网络文学与"新文创"生态[J].社会科学辑刊,2022(2):155-160.
② 赵文书.面向未来的数字美学:《数字美学》评介[J].中国图书评论,2007(1):124-125.

2. 全球消费主义

全球消费主义也对数字化审美有着深刻影响，其负面效应不容忽视。伴随数字全球化而来的是一种新型的消费形态。20世纪60年代，肇始于欧美世界的新一轮消费主义，以崇尚独特、彰显个性为基石，营造一种"媒体和商业合力制造的反叛文化"，"随着城市的发展，公共视觉体验被商品化，参观带给人们乐趣，甚至成为娱乐活动的一种"[①]，数字技术已伴随5G时代的推进席卷全球。这种新型的消费形态与人类社会的数字商业模式有关，商业活动中的数字支付、数字购物、数字广告等形式层出不穷，它们无法离开数字技术而独立存在，"数字化"是它们的基本属性。人被工业文化包装的消费品吸引，在琳琅满目的消费场域，失去对同一对象的本质解读，转而流连于这一消费品的多层符号系统。信息化经济将是对全球化的挑战，数字技术的发展与人征服世界的欲望相关，伴随全球消费主义而来的营销技术所产生的"美感经济"使人陷于"技术虚拟"的理性之中，形成极权主义式的消费政治霸权。因此，有必要对现代化、主体性、自我等论题进行反思，霍尔将现代社会的特质体现——现代性寄寓于特定的文化符号表征中，20世纪后期信息化（Informational）的兴起，促进了基于全球化基础而展开的生产、消费以及流通等活动，数字信息科技迅猛发展的新的历史条件下，生产力持续增长，数字信息基础、全球性的网络触角的组织形式促成了独特而新颖的经济系统。新型数字化消费浪潮绝不仅只是普通的消费升级或消费变化，它对当前社会的消费理念、模式以及场景等都会产生巨大影响，这是一场新的消费革命，它使数字时代人的生活焕然一新。

全球化的数字消费革命在消费主体、消费客体、消费文化以及消费制度四个层面的变迁中表现出来。消费主义浪潮与20世纪科学技术、信息革命相关，首先，20世纪城市的兴盛以及城市文化的传播与建构，加上电影的全球风靡之势，消费主体极易受消费主义裹挟，进而奠定了消费主义兴盛的契机。而后20世纪末，互联网技术的急遽崛起和快速发展从根本上改变了人类消费的形态，以数字化技术为代表的消费性工具革命，不仅是在原有的数

[①] 加卢佐.制造消费者：消费主义全球史[M].马雅，译.广东：广东人民出版社，2022：21.

据基础上进行技术叠加，而且导致了人的日常生活的系统性数字化变革。其次，新世纪以来，伴随数字传媒产业的迅猛发展，消费主义渗透到日常生活的方方面面，甚至重构了社会生活方式与生存形态，在这个变革场域的中心，数字化技术衍生出系列区别于传统消费的新业态、新模式，并促使消费文化、消费制度发生质的变化，由此引发社会的结构性变革。简言之，新型消费革命是全球化进程推进的缩影，也是资本主义渗透的典型表现，更是数字化审美颠覆性变革的重要一环。经由消费主义形塑的社会文化氛围，也许被人们理解为数字化变革中的小插曲，但这种氛围"也许并不被意识到，但对处境感受发挥着影响"[1]，在数字化审美的社会氛围之中，人的主体性被消费主义裹挟。数字技术和经济以一种不易察觉的方式推动着西奥多·阿道尔诺（Theodor Wiesengrund Adorno）所谓的"文化工业"朝向"超工业社会"过渡和转变。总之，随着消费主义的盛行，本雅明所谓的"机械复制时代"出现了感性景观的深度商品化和数字化复制转向的现象。1994年以来，随着数字技术的发展，机械复制艺术迎来了第二次转向，即任何类型的数据都可以被复制。

在这种重大变化与革新的背后，让·波德里亚（Jean Baudrillard）看到的是人们"生活在物的时代，看到物的生产、完善与消亡的是人类自己"[2]，但与物相关的，正是作为容器和环境存在的媒介，它也是容纳新的可能性的介质，是锚定人的当前生活状态的重要因素。媒介参与网络外部的信息传递，也传输人内心的情感流动。它在世界-心灵的互联共通情境中，凸显人的媒介属性。于是，在数字化媒介场域中，人也成为媒介发生作用的参与方和传播方，个体的心理诉求、兴趣等变量不仅影响着传播的结果，更会对数据传播过程中的互动与交流产生影响。万物皆媒的时代，数字技术改头换面，被消费主义裹挟，数字技术无处不在，成为日常实践的重要组成部分，数字技术、现实空间以及数字媒介多种元素深度黏合。或者说，经消费主义裹挟的数字时代生存方式是一种"媒介化的生存"，这种生存方式意味着"人与媒介的区分

---

[1] 波默. 气氛美学 [M]. 贾红雨, 译. 北京：中国社会科学出版社, 2018:49.
[2] 波德里亚. 消费社会 [M]. 刘成富, 全志钢, 译. 南京：南京大学出版社, 2000:2.

渐渐地消失了，长久以来外化于人类的媒介正在不断地嵌入人自身，人类将成为最终的媒介"[1]，典型的症候是媒介实践与日常生活的区隔正在逐渐消失，数字媒体信息传播的渠道面临被商业利益、消费主义掌控的危险，日常生活中诸多媒介实践，比如，电影、电视、广播甚至电子书等电子媒介经由数据的渗透之后连为一体，成为数字网络社会的一个重要环节。不仅如此，数字化媒介还逐渐成为社会生活中的基础性生存架构，媒介深度嵌入主体，甚至成为人的一部分，如机器人管家、先进数字医疗器械的人体嫁接等。

韦尔施感叹当代社会"审美泛滥。世界实在是被过分审美化了"[2]，数字化促使大众文化进一步发展，数字化审美也很容易受到商业资本影响。消费主义的符码经过编码与解码的过程发挥作用，"编码是一个复杂的意识形态植入程序，编码者所属的文化、历史政治和价值观会隐蔽地或显著地植入形象"[3]，消费主义经由数字技术的文化植入与技术呈现，将编码对象所属的历史、文化和价值观念等以日常生活中最常见的方式表达出来。解码则是当数字文化中的种种形象以符号来表征时，其所遮蔽的本义需要加以澄清，为不同地域的接受者打开一扇窗，便于他们对形象意义的接受阐释。不论是编码还是解码，实质都是对消费主义裹挟下的形象意义的生产或接受的表述，即意义是如何通过数字形象建构而形成，这个探究的过程，就是对现实世界中的实存物实现从概念到符号转化的结构化研究。后现代社会文化中消费主义的持续推进不仅影响着文化形态的样貌，而且会改写和左右人们的日常经验。因此在探究数字化审美时，也必须警惕消费主义带来的消极影响，寻求数字审美的突围路径。

---

[1] 孙玮. 媒介化生存：文明转型与新型人类的诞生 [J]. 探索与争鸣,2020 (6):15-17,157.
[2] 韦尔施. 重构美学 [M]. 陆扬，张岩冰，译. 上海：上海译文出版社,2002:3.
[3] 周宪. 当代中国的视觉文化研究 [M]. 南京：译林出版社,2017:27.

第二章

数字化时代的技术审美与美学垦拓

"每当新媒体诞生时，都必然会出现这种新瓶装旧酒的现象。"[①]
——尼葛洛庞帝《数字化生存》

虚拟现实技术和人工智能技术对当今社会文化的影响力与日俱增。近年来，我国的虚拟现实技术和人工智能技术不仅在技术层面得到大幅度攀升，在文化娱乐领域也备受关注，网络游戏、沉浸文旅、数字主播、智能文艺已成为文娱领域的新宠，它们不断激发出新的美感体验，也促使对相关问题的美学研究迅速攀升，不断有新成果问世。回顾中国数十年来对虚拟现实技术、人工智能技术与审美的关联所做的思考、探究，虽然小有成果，但尚处于起步阶段，有待于今后逐步深化。毋庸置疑的是，虚拟现实审美和人工智能审美为近年来的美学研究提供了新的研究对象、资源储备，带来了新的研究灵感，拓宽了当代美学学科的理论视野，对中国未来美学的发展必将产生深远影响。

一、人工智能：智能时代的审美演进与革新

人工智能带给人类新的美感体验，也对传统美学理论与观念产生了冲击，促使传统美学理论在面对科技革命时能够以积极姿态分析新出现的审美问题

[①] 尼葛洛庞帝. 数字化生存[M]. 胡泳，范海燕，译. 海口：海南出版社，1997:80.

与审美处境，解决问题，开拓潜能，探索新的可能。例如，身体美学在类似于缸中之脑的人工智能面前获得了新的阐释契机，不断瓦解自黑格尔以来的身心二元论观点。此外，后人类美学在唐娜·哈拉维（Donna J. Haraway）等人开启后，受不断发展的人工智能影响的研究也在不断深入，而身处智能时代的人类在缓慢接受智能产品的同时获得了新的审美体验方式和思维方式，以受众为目标的智能产品扩展到了社会的各个角落。人工智能既作为工具改变人类的审美体验，也作为类主体在改变人类整体的生存与审美处境。我们应该如何对待人工智能带来的审美影响呢，首先当然需要回顾过去几十年智能发展的趋势和审美效应，探究人类智能审美体验的特点，并在可预知范围内预测未来智能审美的演变走向。

（一）审美视域的人工智能研究回顾与缕析

在谈论人工智能对审美的影响前有必要对审美视域人工智能研究的现状与前景进行缕述。

人工智能一方面以科技、文创、日用产品形式融入日常生活中，从体力到脑力多方位介入人类生活，由此引领人类进入智能时代，另一方面它也作为类艺术形式带给人类新的审美体验。自2016年人工智能获得突破性进展，引发全世界学者关注以来，从审美视角开展的人工智能研究如雨后春笋般涌现，已在学界占据一席之地。本节从审美主体、艺术美学、科技美学、马克思主义美学、身体美学、后人类美学入手进行梳理，试图总结国内外学界关于人工智能审美的研究，并通过比较国内外研究和总结国内外研究的总体特征和缺陷，进行反思，对未来智能时代的审美变革趋向进行前瞻预判。

人工智能自1950年图灵测试起至今，与神经认知科学、计算机科学、心理学等学科结合，使算法经历多次迭代发展到今日的深度神经网络模型，人类逐渐迈入智能时代。根据与人的关系可将人工智能分为人机交互型智能和自主决策型智能。人工智能一方面作为工具以具有审美价值的智能体服务人类社会，以人类身体为审美标准和审美对象进行个性化服务，改善人类的审美体验；另一方面表现出获得主体意识和超越人类的企图已开始进入审美领域，诗歌、绘画、书法、舞蹈、音乐等方面的人工智能艺术都表现不俗，使人类自傲的非理性能力、想象、情感、审美体验一夜间被人工智能攻陷。人工智能以机器审美反向倒逼人类审美与艺术适应智能时代的新形势，积极变革自强，促进文艺审美与多学科领域对话，对于文艺审美的发展自有其积极意义。考量人工智能美学，其拟人性特征不容忽视，作为异质性机器要想类似人类心智必然要按照人类社会的规则予以规划设计和审美改造，因此，从美学视角审视人工智能的生产，有助于促进它加快融入人类社会的步伐，也会使人类对人工智能的接受度提升，进而改善人类的生活质量。而对美学自身而言，人工智能不同于传统工具性科技，类主体的人工智能以超越人类为终极目标的发展趋势对传统人类中心的美学理论是一种严峻挑战，也会反向推动人类探索"后人类"问题。正如陶锋和殷国明所认为的，人工智能技术的迅猛发展使传统的审美研究面临机遇与挑战，人工智能改变了人类的审美感知与生命存在方式，需要人文学科与科学技术在深度结合中建构新的审美现实，因此应积极主动进行人工智能美学研究。[①]

国内对人工智能与艺术的探讨早于对美学的探讨，2011年杨守森发表的《人工智能与文艺创作》是较早探讨人工智能的文艺审美道路的论文，而形成研究风潮则是在2016年人工智能取得突破性进展之后。[②] 陶峰在2018年发表的《人工智能美学如何可能》一文中倡导关注人工智能所产生的新的美学现象，由此开启了研究人工智能美学的新旅程。[③] 起初学界关注的问题侧重于人工智能对艺术创作接受过程、审美主体、审美心理的挑战，而后转向对传统美学的延展，乃至整个阶级制度、社会发展、人类走向的宏观思考。此类探讨主要以期刊论文形式发表，在博士硕士学位论文中，将审美与智能机器结合的文章大部分着眼于具体艺术现象，例如，对AI写诗的关注，而直接探究美学问题的学位论文数量较少。

国外对于人工智能美学的研究最早始于1975年加州大学James Gips和George Stiny发表的论文 *Artificial Intelligence And Aesthetics*。该文介绍了如何

[①] 殷国明. 从"智能美"到"智能美学"：关于一个新的美学时代的开启[J]. 文艺争鸣, 2021 (9):60-65；陶锋. 人工智能美学如何可能[J]. 文艺争鸣, 2018 (5):78-85.

[②] 杨守森. 人工智能与文艺创作[J]. 河南社会科学, 2011, 19 (1):188-193.

[③] 陶锋. 人工智能美学如何可能[J]. 文艺争鸣, 2018 (5):78-85.

将美学系统与算法结合用以分析绘画作品,并致力于开发能够对艺术进行设计与批评的算法系统。[1]但受到当时发展水平的局限,文中所涉及的创作批评还停留于艺术形式因素的机械算法结合。之后随着人工智能于近几年取得突破性进展,从2016年起,从美学视角探讨人工智能应用及从人工智能视角探讨美学发展的论文数量激增。且大部分研究着重于运用人工智能预测用户审美偏好实现审美决策自动化,用以提升其他应用或艺术的审美吸引力,并思考它所引起的艺术和美学领域的挑战。

人工智能介入艺术领域使传统的审美主体受到挑战,影响人类对审美心理的认知,学者们从研究人工智能艺术审美价值的艺术美学、以智能时代为对象的科技美学、基于人工智能特征的身体美学、社会生产的马克思主义美学视角审视当前弱人工智能导致的审美效应,并从后人类美学视角审视人工智能发展过程中促成的美学新形态,探究人文主义何去何从。但上述五视角内部互为关联,呈现为跨美学视角研究。

1. 从审美主体方面进行考量

人工智能一方面因其智能形式引发学者对其是否能成为主体,是否具备主体拥有的审美判断能力、审美创造能力的探讨;另一方面则以插件形式进入日常生活与应用中,影响作为审美主体的人类的审美心理与审美体验。

在审美判断方面,国内研究侧重于从哲理层面分析作为类主体的人工智能是否可以做出审美判断。陈海静借助康德美学理论中的逻辑认识论说明人工智能对艺术作品的理解是机械逻辑,无法形成统一体,而人在审美时会超越机械的知性规则,以归纳演绎方式获得普遍性的审美判断,因此人工智能目前只能作为工具性存在,而无法独立进行审美判断。[2]王峰认为基于人工智能无法具有人类思考能力的现实,人工智能能否体现类人审美判断重要于能否真正审美,基于康德美学理论,他认为我们在判断人工智能是否具有审美判断能力时应将相关能力独立出来,而非以人类整体能力对比人工智能单项

---

[1] GIPS J, StinyG.Proceedings of the 4th IJCAI [C].San Francisco: Morgan kaufmann Publishers,1975.
[2] 陈海静. 人工智能能否成为审美主体:基于康德美学的一种扩展性探讨 [J]. 学术研究 ,2022 (7):149–157.

能力。①由此，从艺术表征可知人工智能具有审美判断能力。王世磊通过分析以人工智能算法模型建构的审美模型的可行性并结合手机 UI 结构，认为人工智能可以对手机 UI 界面做出审美判断。由此，未来可以运用人工智能实现手机 UI 设计的审美提升。②以上三者的分歧在于，是认同以目的结果为导向的图灵测试还是认同探究根本运作原理的赛尔中文房间理论，虽然从内在结构看，人工智能无法进行审美判断显然是事实，但这无碍于科技与审美的化合和人工智能审美的跃进，对当前的人工智能审美显然不应苛求，人工智能的这种审美判断表征理应得到应有的重视。

而国外的研究多侧重于从实践层面分析如何提升人工智能外在表征的审美判断能力。Changhoon Oh 等人研究了人类如何推理人工智能的审美评价。③研究发现用户以个人专业知识以及职业特性推断人工智能的评估准则，并主动缩小与机器评估的差异。与摄影师和领域专家相比，没有先验知识的公众能以更为客观的态度对待机器生成图片。但人工智能的设计应当主动缩小与用户的距离，因此系统应通过用户反馈学习从而改进自身。由此可见，人机交互的过程是审美判断的相互磨合过程。审美机器要想提高审美判断能力则应集中训练其注意力，Okulov Jaana 认为心理学视角下的美学更注重注意力过程。并由此确定审美机器注意力发展的三个阶段，从而提高机器审美能力以及人工智能艺术品的质量。④此外 Hironori Takimoto 基于多任务卷积神经网络（CNN），从输入图像中提取全局特征和显著特征进行审美评估，从而获取更高质量的视觉信息。⑤而 Jon McCormack 认为可通过深度学习神经网络以可计

---

① 王峰. 从人类主义美学转向人工智能美学：基于康德美学架构的批判性考察 [J]. 学术研究, 2022 (7):139–148.

② 王世磊. 手机 UI 设计中人工智能审美可行性的探究 [D]. 大连：大连工业大学, 2020.

③ OH CHANGHOON, et al. Understanding how people reason about aesthetic evaluations of artificial intelligence [C] // Association for Computing Machinery. Proceedings of the 2020 ACM Designing Interactive Systems Conference. 2020: 1169–1181.

④ OKULOV JAANA. Artificial aesthetics and aesthetic machine attention [J]. AM Journal of Art and Media Studies, 2022 (29): 13–28.

⑤ HIRONORI T, FUMIYA O, AKIHIRO K. Image aesthetics assessment based on multi-stream CNN architecture and saliency features [J]. Applied Artificial Intelligence, 2021, 35 (1): 25–40.

算的形式将机器的审美判断正式化客观化，通过向机器传输关于个人审美偏好的隐性知识和习得知识，从而预测审美驱动，帮助艺术家找到个人的高审美价值模型。[1]但由于偏好的多因素性，机器仅提供帮助，而不能承担审美评估的全部责任，但视觉评估通常依赖于手动输入注释，Kehai Sheng等人认为可从自监督特征学习视角审视图像审美评估，并设计两个借口任务用于识别图像的类型和参数，有效学习审美感知特征，从而解决手动输入效率低的问题。[2]当下的智能机器所做出的审美判断是基于研究人员与专家学者的审美标准进行的，而Paulo Pirozelli认为人工智能的进步不应局限于准确性和数据指标的变化，而应增加简洁性、广泛性、一致性、丰富性等审美评判标准。[3]多样的评估准则可引导研究者探索多种艺术和审美领域，当人工智能运用于绘画领域，Randy Goebel提出开发遗传算法（GA），并使用绘画的审美视觉质量来进行适应性评估，用以解决交互式EA的灵敏度降低问题，以提高计算创造力。[4]除此之外，Hua Peng将审美评价运用于机器人舞蹈动作中，将舞蹈视频转化为图像并从中提取空间特征和形状特征，基于特征集合并建立机器审美模型，使机器人能通过多重视觉特征整合以感知理解自己的舞蹈动作，从而实现机器人自动审美评估。[5]William W. York关注的是算法技术是否有助于理解人类的审美判断。他致力于从计算角度理解美学，以"滑移"概念为核心探索类比、审美、感知之间的关系。[6]综上，学者们探索多种神经模型试图提高智能机器的审美判断能力，提升人机交互质量，并运用于各领域的艺术创

---

[1] MCCORMACK J,LOMAS A. Understanding aesthetic evaluation using deep learning [M]. Cham: Springer International Publishing,2020: 118–133.

[2] SHENG K K, DONG W M, CHAI M, et al. Revisiting image aesthetic assessment via self-supervised feature learning [J]. Proceedings of the AAAI Conference on Artificial Intelligence,2020, 34 (4): 5709–5716.

[3] PIROZELLI P, CPRTESE JF.The Beauty Everywhere:How Aesthetic Criteria Contribute to the Development of AI I(Still) Can't Believe It's Not Better![C].Los Angeles:NeurIPS,2021:69–74.

[4] CHENG S M,DAY M Y. Technologies and applications of artificial intelligence[J]. TAAI,2014,8916:124–134.

[5] PENG H,HU J H,WANG H T,etal.Multiple visual feature integration based automatic aesthetics evaluation of robotic dance motions[J].Information,2021,12(3):95.

[6] YORK W,EKBIA H R, Slippage in cognition, perception, and action: from aesthetics to artificial intelligence[M] // Beyond Artificial Intelligence: Contemplations, Expectations, Applications. Berlin, Heidelberg: Springer Berlin Heidelberg,2013:27–47.

作中，使其高效辅助艺术家进行艺术探索。同时，以上的审美判断都基于视觉信息，计算机视觉是当下人工智能发展的主流技术之一，但人类审美显然不应局限于视觉领域，未来更应拓展到多感官领域。审美判断在国内学者看来是只属于人类的能力，而人工智能现阶段仅仅作为工具存在，对人工智能是否具备真正的审美判断能力的辨析似乎毫无意义。更为迫切的应该是提升人工智能解放人类低级脑力劳动的能力，进而让机器将审美因素数据化，在外在表征上呈现为俨然具备"审美评判"能力，大幅度改善人机交互体验。

在审美创造力方面，国内学者由于对创造性的认知不同而对人工智能是否具有创造力看法不一。汤克兵肯定人工智能通过风格偏差创造别具一格作品的能力，[①] 但陶锋认为人工智能的偏差创造方式所依据的艺术评价标准来自人类已有的艺术风格，人工智能并没有能力突破已有标准并建立新的标准。[②] 马草、白亮认为人工智能艺术不过是以数理逻辑模仿人类艺术，不可能创造伟大的艺术作品。[③] 赵耀同样认同人工智能不具备独立进行审美创造的能力，智能艺术只是基于算法生成的符号而未通过创造形式表达人类自由感。[④] 周婷从主客体交融的审美过程视角批判人工智能的审美活动只是对象化活动，并通过对美的本质分析否定人工智能具有创造美的能力。[⑤] 张登峰认为创造力需要以情感、文化语境、直觉体悟糅合而成，并将主体意识视为人工智能具备创造力的唯一源泉。[⑥] 王峰则认为在人类否定人工智能创造力的同时创造力概念保护带却不断推移。[⑦] 王峰虽否定现有人工智能的创造性，但他根据人工智能发展潜能，认为未来人工智能诗歌不受批驳的方式就是通过创造力概念推移，促进人类创造力表现形式的扩展。

[①] 汤克兵. 作为"类人艺术"的人工智能艺术 [J]. 西南民族大学学报（人文社科版）,2020, 41 (5):178–183.

[②] 陶锋. 人工智能视觉艺术研究 [J]. 文艺争鸣, 2019 (7):73–81.

[③] 马草. 人工智能艺术的美学挑战 [J]. 民族艺术研究, 2018, 31 (6):90–97；白亮. 技术生产、审美创造与未来写作：基于人工智能写作的思考 [J]. 南方文坛, 2019 (6):39–44.

[④] 赵耀. 论人工智能的双向限度与美学理论的感性回归 [J]. 西南民族大学学报（人文社科版）,2020, 41 (5):184–189.

[⑤] 周婷. 人工智能与人类审美的比较与审视 [J]. 江海学刊, 2018 (6):49–54.

[⑥] 张登峰. 人工智能艺术的美学限度及其可能的未来 [J]. 江汉学术, 2019, 38 (1):86–92.

[⑦] 王峰. 挑战"创造性"：人工智能与艺术的算法 [J]. 学术月刊, 2020, 52 (8):27–36.

大部分国外学者对智能机器的创造力持肯定态度。罗伯特·拉奥（Robert Raos）为支持人工智能具有创造力[①]，反驳艺术品的作者权威观点，以假设意向性作为其哲学立场，认为意义本身就是公共领域，而作者所要做的就是重新排列已经存在的隐喻和词语。且作者的意图不能被客观揭示，只能借助读者的想象，而读者的假设意向为作品提供了更为广阔的阐释空间。在假设意图主义范式下，人工智能具有创造作者意图幻觉的能力，因此智能艺术能满足生成艺术所需的条件。玛丽安·马佐尼（Marian Mazzone）肯定的是机器与艺术家双方的创造力，认为对创作过程进行建模、在计算范围内探索创造力的边界、探索人类创作艺术的方式的问题是区分开的，并运用摄影与绘画的冲突互补性来说明机器艺术与人类艺术的关系，从而突出机器艺术的独特性，并致力于艺术家与人工智能系统的创造性合作。[②] 而中国学者 Chu yueying 则从受众反应入手验证人工智能对创意领域的影响。[③] 他关注到人类对做出主观性评判的算法会产生"算法厌恶"这类现象，通过调查研究，当算法厌恶存在时，它反映的是人们对人类作者身份的欣赏，而非对机器的真正厌恶。并通过对机器生成古典诗歌的公众满意度调查，发现公众对于创造性机器的满意度较高。意味着在即将来临的通用智能时代，公众对机器作者身份的负面偏见并不会造成对整体创意领域的排斥。由此可知对智能机器的创造力承认与否都不能阻止创意领域的开拓。根据玛格丽特·博登（Margaret Boden）对创造力的界定，人工智能已具备探索型创造力和组合型创造力，却不具备变革型创造力，而大部分学者反对的是人工智能不具有变革型创造力。对人工智能是否具有创造力的争论并不能改变它在实际运用中的能力，因此应将重心放于如何运用其能力上，艺术家可借助人工智能有限的创造力提升自我创造力，力图推动艺术进入新的审美境界。

对于作为审美主体的创作者和接受者与人工智能艺术的关系，以韩伟为代表的学者认为人工智能艺术过于依赖读者的阐释能力，这是人类始终参与

[①] RAOS R. Artificial Intelligence and Creativity: an Aesthetic Examination of Computer-generated Art[D]. Rijeka:University of Rijeka,2020.

[②] MAZZONE M,ELGAMMAL A, Art, creativity, and the potential of artificial intelligence[J].Arts,2019,8(1):26.

[③] CHU Y Y.LIU P. Public aversion against ChatGPT in creative fields?[J].The Innovation,2023,4(4):100449.

文学活动的佐证。[1]而人工智能以创作者身份"侵犯"文学领域，引发文艺界对人工智能是否具备创造艺术与美的能力的争辩。以刘朝谦为代表的理论家从诗人创作过程否定沈向洋博士对"小冰"主体性的强调。[2]倪阳则将人工智能视为主体，认为人工智能艺术体现了人工智能的主体确认和文学自信，他将诗歌看作客观存在而非主观创作，并以文学的本质即审美的观念将人工智能文学纳入文学领域。[3]他认为在技术巨变的时代，文学应摆脱以人类文学为根本的观念，将其视为参照系理性客观地看待非人主体的作品。对此缪小静持相似观点，认为应摆脱人机对立的思维方式，将人工智能视为介于主体与工具之间的"类主体"，其自主性在技术进步中不断凸显，我们应以发展的眼光看待人工智能带给人类的便利。[4]刘欣认为应反思人类中心主义和技术的乌托邦幻想，承认非人"怪物"在技术进步过程中逐渐具有主体性，人类应思考新主体的出现将会给文艺带来的变革，在共处中以公正姿态评价他们的创造。[5]周盈之引用布拉伊多蒂（Rosi Braidotti）的"游牧性主体"的观点反对人文主义和反人文主义理论，认为后人类时代的到来应使人类放弃主体性的专利，以游牧式主体身份保持与宇宙世界的共生，审视不确定的主体与整个世界的关系。[6]笔者认为虽对未来的预设众说纷纭，但后人类主体和多元主体是人工智能时代的必然结果。从20世纪科学思维进入文学文本与接受领域，形式主义受到诸多批驳，对作者的否定直到今天的人工智能艺术依旧存在，这实质上是去人类中心主义的表现，是单一主体性观念消解的表征。

从审美心理视角看，人工智能作为理性的代名词进入艺术，解密了传统非理性占主导的审美过程并使理性与感性平衡互动。人工智能使传统艺术审美中感性的主导地位受到挑战。李晓梦认为人工智能艺术的审美价值在于对人类艺术本质的反向思考以及在阐释中表现出的智能美，并认为智能美学使

---

[1] 韩伟. 论当下人工智能文学的审美困境[J]. 文艺争鸣,2020 (7):100-106.
[2] 刘朝谦,杨帆. 人工智能软体"写诗"的文艺学思考[J]. 福建论坛（人文社会科学版）,2020 (2):155-167.
[3] 倪阳. 人工智能时代的文学：评小冰《阳光失了玻璃窗》[J]. 书屋,2018 (8):15-17.
[4] 缪小静. 人工智能文学制作技术研究[D]. 杭州：杭州师范大学,2021.
[5] 刘欣. 人工智能写作"主体性"的再思考[J]. 中州学刊,2019 (10):153-158.
[6] 周盈之. 人工智能视域下审美主体性反思[J]. 安庆师范大学学报（社会科学版）,2019, 38 (6):8-14.

艺术不再是非理性的独领地，而是理性与感性的互知互渗。[1] 人工智能以算法逻辑改造感性占主导的艺术作品，陶锋从审美理性看人工智能艺术，认为人工智能艺术是审美理性化的表现，一方面通过跨学科研究使审美表现为规律性特征，另一方面审美活动是理性与非理性的辩证运动，是非理性对理性的限制，体现非理性在艺术中的重要性。[2] 赵耀认为人工智能所引发的相关艺术现象会倒逼美学理论回归感性，同时也揭秘了人类审美心理的过程变化。[3] 江宁康认为通过研究人工智能艺术作品能深入探索人类的审美情境、多元交互和审美模式，解答不同环境下主体审美心理变化和审美层次感问题，实现对人类审美认知体验过程的解密。[4] 情感是人工智能发展中不可忽视的因素，王峰认为目前人工智能的情感计算只是使其行为表现为具有情感，而非真正进行情感交流。[5] 情感反应与内在情感产生机制的差异性致使情感的概念发生转换。可见人工智能以工具形式进入文艺领域时改变了传统文艺审美的方式，例如，以数据分析推进古诗研究，人工智能续写《红楼梦》等，实现以理性促进审美境界中的感性体验。

部分研究者关注的是人工智能作品带来的审美体验。以文学作品为例，成业从接受美学理论视角审视人工智能看图写诗现象，人工智能诗歌描绘图像时出现的缺陷给了读者介入文本并"重写"的可能。[6] 读者将根据个人修养经验把对原图像审视所得来的感受注入人工智能诗歌中，赋予诗歌多样的意义。除此之外，李笛认为无论创作主体是人还是机器，目的是呈现文本以服务于读者，人工智能艺术的关键不在于作者是否缺失，而在于是否能引起读者的审美感悟，进入审美意象世界。[7] 邹广胜以李普斯（Theodor Lipps）

---

[1] 李晓梦. 论人工智能艺术与智能美 [J]. 浙江艺术职业学院学报, 2021, 19 (4):124–132.

[2] 陶锋. 人工智能美学视域中的审美理性 [J]. 文艺争鸣, 2022 (11):163–170.

[3] 赵耀. 论人工智能的双向限度与美学理论的感性回归 [J]. 西南民族大学学报 (人文社科版),2020, 41 (5):184–189.

[4] 江宁康, 吴晓蓓. 人工智能·多元交互·情境美学 [J]. 人文杂志, 2021 (4):51–59.

[5] 王峰. 人工智能的情感计算如何可能 [J]. 探索与争鸣, 2019 (6):89–100,159,161.

[6] 成业, 殷国明. 人工智能诗歌写作的读者认知与"重写"：由"小冰"诗歌中的风景引发的思考 [J]. 山西大学学报 (哲学社会科学版),2020, 43 (4):30–36.

[7] 李笛. 人工智能：新创作主体带来新艺术可能 [N]. 人民日报, 2019–09–17.

的审美移情说为人与人工智能作品产生共情提供理论依据,人工智能通过模拟人类神经网络获得区别于人类共情的人工共情,对于人工智能作品能否激起人工共情以及是否具有情感的问题探讨能深入结合文艺美学和人工智能学科。[①]但缪小静认为技术理性在试图覆盖审美中的感性经验,审美感知的量化使文学科学化,而沉浸于其中的读者逐渐丧失感性思考能力和对艺术的敏锐感受。韩伟认为人工智能写诗是以机器审美代替感性体验,量化标准导致审美同质化与类型化,虽然多种符号的参与改变了单一的感受方式,但人类不断突破感知极限会使文学走向单纯感官冲击而丧失思想深度。人工智能艺术表面上是沉浸性审美,事实上是对现实的遮蔽,极限的感官快适会导致精神荒芜。王青认为机器创作带来了审美标准的平均化,代表了普通大众的审美标准,使得审美理想无处安放,人文精神在技术理性时代弥足珍贵。[②]正如理查德·舒斯特曼（Richard Shusterman）在《身体意识与身体美学》中对福柯追求极度感官体验的批判,他认为福柯虽注重身体的感知,但缺乏身体的审美反思能力,极限感官体验会钝化审美感知与情感敏锐度。[③]同理,当立体化感知走向极限后形式衰竭,精神何在。杜娟以系统工程中的IPO方法分析接受者在以人工智能为媒介的艺术审美感受的过程模式,验证了韩伟、王青的观点,在感官强烈刺激下容易出现审美品位趋同、审美疲劳等弊端。[④]笔者认为纯技巧创新的结局已经有宫体诗的前车之鉴,没必要以人文精神否定人工智能艺术,摆脱二元对立思维,机器艺术的发展应使人文精神与形式创新共促互进。

国外学者更侧重于通过对比研究突出人工智能带给受众的体验的特点。人工智能既可作为工具手段辅助探索人类审美体验过程,也可作为提升受众审美体验的因素。凡妮莎·伍兹（Vanessa Utz）和史蒂夫·迪保拉（Steve DiPaola）运用人工智能系统将审美体验的生理感知神经过程明确化,使用人

[①] 邹广胜,刘雅典.人工共情引发审美心理范式转型[J].甘肃社会科学,2021(5):47-53.
[②] 王青.人工智能文学创作现象反思[D].石家庄:河北师范大学,2019.
[③] 舒斯特曼.身体意识与身体美学[M].程相占,译.北京:商务印书馆,2011:57-59.
[④] 杜娟,杜晓茹,管顺丰.人工智能时代艺术审美体验的影响特征与管理策略研究[J].艺术百家,2019,35(5):24-29,63.

工智能系统定制的视觉刺激来探索视觉信息的处理方式是如何影响审美体验的，并证明由于反射性注意力和视觉通路的参与，视觉感知的运动会干扰审美体验的形成。[1]如果说前者将人工智能视为探索审美体验的工具，接下来将通过实验研究比较分析受众接受人类智能艺术品与人工智能艺术品的审美体验差异。Rui Xu通过列举2009年《泰晤士报》推出的公众接受度最高的十位艺术家的抽象作品与微软小冰创作的图片，并以日内瓦情感轮为测量工具进行情绪类型和强度级别选择，观察者的反应说明人类智能艺术品更能唤起人们的审美体验，引发更丰富的情感反应。[2]但人工智能艺术家与其他人工智能实体仍被视为社会参与者。而影响受众对两者的审美体验的因素除了作品本身呈现的略微差异，还与作者身份有关。关于艺术品作者身份的先验信息会影响审美体验与评价，泰勒·达雷维奇（Taylor Darewych）通过结合行为学和电生理学测量方法来研究对抽象艺术进行评估时的认知和神经敏感指标。[3]当作者身份已知时，参与者认为人类智能艺术品审美价值高于人工智能艺术品。因此创作者信息会影响作品的感知质量和情感倾向。除了观察比较不同创作者艺术品所产生的审美体验外，人工智能本身给予我们一种潜在空间式的审美体验。爱丽丝·巴拉尔（Alice Barale）认为智能机器在生成新图像可能选择进行的空间是隐蔽在人工智能内部。[4]而这些图片之所以具有较强的吸引力，在于它们存在于可识别与不可识别的空间中，外物轮廓的不确定性和细节的缺失并非是对思想与意义的放弃，而是一种蕴含知识存在的可能性，是一种对可能存在的知识的探索期待，以及与他者建立关系的尝试。此外，除了探索人工智能艺术品带来的开拓性审美体验，也有学者对既有的关于人工智能的审美认知提出疑问。森正弘（Masahiro Mori）提出的恐怖谷理论已经主导机

---

[1] UTZ V.DIPAOLA S.Using an AI creativity system to explore how aesthetic experiences are processed along the brain's perceptual neural pathways[J].Cognitive Systems Research,2020,59:63–72.

[2] SHOJI H,KOYAMA S,KATO T,et al.Proceedings of the 8th International Conference on Kansei Engineering and Emotion Research: KEER 2020, 7–9 September 2020, Tokyo, Japan[C].Singapore:Springer Nature.2020:340–348.

[3] DAREWYCH T.The Impact of Authorship on Aesthetic Appreciation:A Study Comparing Human and AI-Generated Artworks[J].Art and Society,2023,2(1):67–73.

[4] BARALE A.Latent Spaces: What AI Art Can Tell Us About Aesthetic Experience[J].Odradek.Studies in Philosophy of Literature,Aesthetics, and New Media Theores,2022,8(1):111–140.

器人设计几十年，由于人们对真实人脸的微妙之处非常敏感，人类面对机器逼真面孔会对拟人化描述产生更深刻的期待。[①]通过实验研究发现经过精心调整的面容能在现实主义范围内具备一系列有吸引力的拟人化特征，从而推翻固有的恐怖谷理论。以上学者通过对比静止艺术与动态艺术、人工智能艺术与人类艺术，以及受众是否知晓作者身份，将不同艺术带来的体验差异以数据形式客观呈现。

可见，国内研究更侧重于人工智能是否具备主体性能力的探讨，以及人工智能艺术带给受众的区别于传统艺术的独特审美体验。而国外研究侧重于运用比较分析和实验调查方式以数据形式呈现不同受众的审美体验差异和不同审美对象激发的审美体验的差异。他们通过学理与实验探究得出人工智能无论是作为工具手段还是审美对象都丰富了人类的审美体验感，带给受众感性与理性结合的具有潜在生发空间的独特体验。

2. 人工智能与艺术美学

艺术作为体现人类创造力、审美能力的文化结晶，是人类能力的集中展示，因其独树一帜的原创风格而成为人类欣赏、敬畏的对象，艺术家在求新求异的目标下不断开拓艺术的边界。艺术的美使受众获得精神愉悦和思想熏陶，但人工智能的介入打破了艺术原有的崇高地位，并因其非人的创作者身份以及所展现的审美才华引发了艺术家与学者的关注，究竟人工智能艺术是否可称为艺术？它是否具有审美价值？智能艺术的出现是否带给传统艺术一定的冲击力？人类应以何种态度对待日益精进甚至会超越人类艺术的智能艺术？中外学者从哲学层面与实践层面回答了以上问题。

人工智能进入艺术领域主要以绘画、文学、音乐、电影、书法等艺术形式为主。以文学艺术为例，以杨守森为代表的理论家倾向于文艺创造需要动用作家、艺术家的个人体验、非理性因素、审美素养，以个性化的作品表征现实的观点，而这恰恰是人工智能所缺乏的，因此对人工智能艺术的审美价值持否定态度。汪凌云、武志怡通过分析小冰输出的多部作品，认为人工智

[①] SUGIARTO S,WIDIASTUT S.Identification of new media aesthetic artificial intelligence film[J]. Pixel: Jurnal Ilmiah Komputer Grafis,2021,14(2):376-388.

能主要靠拼贴实现格律，拼贴造成的支离破碎感、意象重复、情感逻辑缺乏以及风格含混不清等缺陷使人工智能诗歌不足以称为诗歌。① 它拼贴的外在形式酷似后现代风格，但其追求和谐整一的主观意向则与后现代背离。但就其本质而言，其以非人类作品的独特性打破了传统文本惯性，陌生化效果与多媒介参与的新文学形式是学者反驳以上观点的武器。李睿溯源最早的人工智能诗歌是德国的斯图加特诗派，他以发展的眼光肯定机器诗歌历经几十年发展所得的意象和联想跳跃能力。② 哈嫣然从陌生化视角将俄国形式主义的"陌生化"与机器写诗形成的"陌生化"对比，肯定技术自主创作使读者与现实、读者与文本之间都营造了一种陌生化的间离感。③ 成业认为封闭的语料库限制人工智能在看图写诗时的意象选择，致使无法超越人类既有的审美感知，无法达到陌生化效果。④ 杨丹丹则看到人工智能文本的再生性，认为将人工智能自主生成的文本归入语料库中能实现无限增殖扩容，改变传统文学的封闭性思维。⑤ 加入图像、声音的人工智能文本实现了语言的立体化表达，多种符号的和谐运作促成了文本新的审美形式。而基于机器诗歌的呈现形式，刘吉祥、苏振兴搁置人工智能目前不具有的感性能力，提出形式美学的五大标准，认为只有具备一般形式要求并使读者生成意象世界的文本才可被称为艺术。⑥ 笔者认为看待人工智能艺术应用历史的、发展的眼光，目前的人工智能艺术在文本呈现上的不足将来会通过技术进步逐渐完善，但它的奇特之处不在于"类人"，而在于与人类不同，它能提供一种人类难以企及的、独具特色的创意产品，这才是其存在的价值所在。我们看待人工智能艺术时应将着眼点放在机器艺术不同于人类艺术的创新性上。就像郭超、岳露等人指出的，ChatGPT能以其高效沟通能力、所具备的艺术知识和逻辑联想能力帮助数字画家在虚

---

① 汪凌云. 论人工智能文学创作的"伪突破"[D]. 武汉：华中师范大学, 2019；武志怡. 人工智能写作的审美特征：以诗集《阳光失了玻璃窗》为例 [J]. 百科知识, 2021 (33):13–14.

② 李睿. 基于语料的新诗技：机器诗歌美学探源 [J]. 外国文学动态研究, 2020 (5):42–49.

③ 哈嫣然. 数字文学的文学性问题研究 [D]. 西安：西北大学, 2020.

④ 成业, 殷国明. 人工智能诗歌写作的读者认知与"重写"：由"小冰"诗歌中的风景引发的思考 [J]. 山西大学学报 (哲学社会科学版), 2020, 43 (4):30–36.

⑤ 杨丹丹. 人工智能写作与文学新变 [J]. 艺术评论, 2019 (10):117–129.

⑥ 刘吉祥, 苏振兴. 形式与意义：人工智能艺术的形式美学阐释 [J]. 天府新论, 2019 (2):145–150.

拟空间中实现从绘画构思到绘画落笔的全面想象，实现艺术创造的想象力智能以及人类创意的精准传达，或可解决传统"意不称物，文不逮意"的难题。[1]

国外学者同样关注人工智能艺术能否称为艺术的问题，并形成了关于人工智能艺术本质的多视角理解。爱丽丝·巴拉尔（Alice Barale）根据戴维斯（Davies）关于艺术的哲学定义，认为人工智能艺术从功能、程序、历史理论三方面看都可被称为艺术，并认为AI艺术之所以具有吸引力在于它的过滤和阐释现实体验的方式异于人类。[2] 人工智能重塑了人类对世界的感知，以一种更为激进的形式展示世界。而人工智能艺术为人类提供了看待艺术的全新方式，即对生命与非生命边界的思考。伊曼纽尔·阿里埃利（Emanuele Arielli）则致力于探索机器艺术在激发人类潜能方面的价值。[3] 他从本雅明机械复制理论视角理解人工智能艺术，认为其复制的不再是具体的艺术品，而是整个风格。人工智能是扩展审美思维的直接实践形式，能够克服传统生物思维的认知限制，人类关注的不应是人工智能独立于人类决策的自主性问题，而应返归自身，研究人类行为和经验的整合、扩展和增强。因此，它们的影响应以其对人类潜力的贡献为衡量标准。科林·约翰逊（Colin G Johnson）认为对传统美学理论而言，人工智能艺术所使用的搜索驱动性特征与传统美学思想存在内在的一致性，并推动传统理论的扩展。[4] 同时基于搜索的艺术创作视角提供了形式化的可能性空间，AI创作的搜索驱动因素为人类艺术创作的潜在驱动因素提供了新视角，因此人工智能艺术在哲理层面有助于人类艺术、传统美学理论、人类感知思维的扩展。

在宏观层面的哲学意义的指导下，人工智能对具体各领域艺术有着实际性效用。巴勃罗·格瓦斯（Pablo Gerv´as）将机器智能艺术与人类智能艺术对比，凸显前者的质量改进能力，他认为在AI写作方面计算机专注于叙事短

---

[1] LU Y, GUO C, DAI X Y, et al. Generating Emotion Descriptions for Fine Art Paintings Via Multiple Painting Representations[J]. IEEE Intelligent Systems, 2023, 38(3):31–40.

[2] BARALE A. "Who inspires who?" Aesthetics in front of AI art[J]. Philosophical Inquiries, 2021, 9(2):195–220.

[3] ARIELLI E. Extended Aesthetics: Art and Artificial Intelligence[J]. European Society for Aesthetics, 2021, 13:1–12.

[4] MACHADO P, ROMERO J, GREENFIELD G. Artificial Intelligence and the Arts: Computational Creativity, Artistic Behavior, and Tools for Creatives [M]. Switzerland:Springer Nature 2021:27–60.

篇，通常采用算法一次完成。而人类创作更致力于长篇作品，且不限于叙事类型，并以苛刻标准严格评估，多次修改。①作品内容与形式的和谐共生与人类作者拥有的行为心理都是计算机系统无法轻易通过模仿获得的，因此机器创作者与人类创作者之间尚存在无法逾越的鸿沟，也点明了未来AI写作需要努力的方向。Haoran Chu针对以ChatGPT为代表的内容生成式人工智能的叙事能力进行检测，将ChatGPT创作的叙事内容与人类创作的叙事内容在反驳、心理抗拒、自我参照和故事一致的态度行为方面进行比较，得出人工智能虽然仍遭到大众怀疑，但其有超越人类创作的创作潜能。②米格尔·兰达·布兰科（Miguel Landa-Blanco）等人研究作者身份是否影响创意写作文本本身的价值评估，他们并未采用文本对比的方式，仅变更了告知被试者的文本作者身份，这一实验发现就创意写作而言，读者对作品的价值评估并不会受到创作者身份的影响。③由此可知，随着智能机器水平的提升，人类对其包容度也在不断提升，它逐渐摆脱其异质性而融入人类社会，并改变人类的思维观念。帕尔·达尔斯特德（Palle Dahlsted）则探索人工智能在音乐创作中的潜力，即人工智能如何改变音乐人物与塑造作曲思想。④他将人工智能视为一种促进分布式人机协同创造和拓展人类能力的代理，而不是人类创造力的替代品。同时人工智能席卷电影领域而出现了新兴的电影形式即人工智能电影。普里亚·切坦·帕里克（Priya Chetan Parikh）通过分析三部人类导演与人工智能合作的电影，发掘它作为一种新兴媒介，在数字建构、虚拟情境、叙事关注和作者功能方面开拓了传统电影新领域。⑤除了电影领域，人工智能不仅改变了叙事方法，还改变了对叙事的看法。除了电影领域，人工智能在感知和生

---

① MACHADO P. ROMERO J,CREENFIELD G. Artificial Intelligence and the Arts: Computational Creativity, Artistic Behavior, and Tools for Creatives[M].Switzerland:Springer Nature,2021:209–255

② CHU H R,Liu S X. Can AI tell good stories? Narrative Transportation and Persuasion with ChatGPT[J]. PsyArXiv,2023.

③ MICUEL L B,MATTEE A F,MIGUEL M. Human vs. AI Authorship: Does it Matter in Evaluating Creative Writing? A Pilot Study Using ChatGPT[J].PsyArXiv,2023.

④ MIRANDA E R. Handbook of artificial intelligence for music[M]. Cham: Springer International Publishing,2021:873–911.

⑤ PARIKH P.AI Film Aesthetics: A Construction of a New Media Identity for AI Film [D]. Orange County: Chapman University, 2019:1–34

成架构方面的应用可适用于建筑领域的审美评估，亚西尔·曼苏尔（Yasser M Mansour）基于计算机视觉技术进行建筑风格分类，并运用认知计算提高人机交互质量。[1]Yuting Wang 认为人工智能技术纳入林风眠的艺术创作中，可跨越时空局限，体验历史、当下与未来，这是创作者感知与社会历史的结合，[2]有助于林风眠中西结合的美学主张更为自由地展现。研究人员可通过笔画提取、收集笔触和手部运动，以草图或语义提取方式合成逼真图像，重现艺术家创作轨迹。适合用户风格的自适应算法能提高用户交互体验，并激发更多艺术创造力。总之，从审美视角看人工智能可跨领域地进行审美客观化，将模糊不定的审美偏好以数据形式呈现并以理性方式参与受众选择过程。

综上可知，国外学者更看重人工智能带给现有各领域艺术发展的突破性延展与创新，以及对人类艺术思维和审美思维的影响。而国内学者更注重从理论视角出发，以人类艺术为参照，审视人工智能艺术在创作作品环节中的价值存在与否。我们应对人工智能艺术进行客观辩证的分析，同时积极发挥人工智能的工具性作用，为当下艺术创新注入活力。以上研究从艺术美学层面探索了人工智能艺术的多方面价值，明确了未来智能艺术的发展方向及情感倾向。

3. 科技美学视角

科技与艺术看似截然相反，但殊途同归，都是人类知识与创造力的结晶。人类的审美感知天性使得科技产品的审美价值影响产品的使用频率。对个体与整个社会而言，当智能语音、智能机器人、内容生成式人工智能嵌入日常科技产品中，并逐渐改变整个时代的审美体验方式时，智能技术带来的审美影响就不再局限于单个主题，而是扩展到整个时代。对科技美学自身而言，作为智能媒介的技术改变了传统的科技体验过程，因此中外学者探讨了如何将科技与审美紧密结合，它如何作为智能媒介影响传统科技的交互体验，以及如何作为生产力影响了整个时代的审美特征等问题。

---

[1] BOTROS C,MANSOUR Y,ELERAKY A. Architecture Aesthetics Evaluation Methodologies of Humans and Artificial Intelligence[J].MSA Engineering Journal,2023,2(2):450–462.

[2] WANG Y T. Lin Fengmian's Art Series and Aesthetic Education Research for Artificial Intelligence Aesthetics[J].Frontiers in Art Research,2022,4(4):73–79.

国内学者从科技美学视角进行审视，更侧重于研究由人工智能产品构成的智能时代的审美取向。温馨分析了人工智能技术美学新的特性，即基于虚拟现实的超现实特性和模拟人类对话的拟人性特征。[①] 同时在技术美学的本体性问题上，跨学科研究也能带来新见解，人工智能为技术美学研究注入了新动力。沈壮娟认为人工智能作为技术参与到网络文艺中，使网络审美环境、审美主体拟人化。[②] 陈瑞认为以人工智能为代表的新科技使我们迈入智能化时代，科技带来的交互性审美体验表明审美对象发生变化，不是非具体的对象事物，而是主客交融的体验过程。[③] 由此带来了诸多体验性的审美文化。审美认知与科技发展前进互融。王永东从审美主客体视角审视了人工智能时代下艺术设计的审美价值。[④] 人类在面对作为工具性的人工智能时会表现出作为审美主体的不自信，而越发智能化的人工智能参与到审美活动的各个环节中则会弱化人类的身体主体地位。由人工智能设计的艺术形式，内容和存在方式上都表现为虚拟性特征，并且智能技术已经渗透到艺术产品实现的全过程中，改变了传统单一的审美感知方式，调动多感官获得沉浸性审美体验。郑晓发则从人工智能媒介视角出发，认为智能时代的技术美学经历了审美活动、审美客体、审美主客体关系的变革，表现为智能媒介技术美学，智能媒介内容呈现泛化美倾向，且生产方式多样化，其传播呈现为个性化和互联之美，消费呈现为交互体验美。[⑤] 覃京燕从科技伦理和科技美学的视角认为智能产品的设计必须符合中国传统审美意识，以正确的伦理观和审美观构建人机共生的社会环境。[⑥] 上述观点说明人工智能进一步促进了日常生活审美化，身处人性化技术包围的环境中，审美体验也无处不在。

人工智能目前尚以工具形式服务于人类生活，现阶段国外研究在大力发挥其生产力作用，探索用户审美偏好用以提升用户体验。萨米尔·阿扎姆赫

---

① 温馨. 人工智能时代下的技术美学研究 [J]. 信息记录材料, 2020 (6):73-74.
② 沈壮娟. 交互·沉浸·拟人：网络文艺审美体验范式的三重特性 [J]. 中国高校社会科学, 2020 (1):135-143,159.
③ 陈瑞. "技术垄断"与生活"复魅"：智能化时代科技的审美特性与美学实践 [D]. 延安大学, 2022.
④ 王永东. 二十一世纪人工智能艺术设计思潮研究 [J]. 武汉理工大学, 2019.
⑤ 郑晓贲, 常㞎. 技术美学视野下智能媒体的审美特征 [J]. 工业工程设计, 2021(4):42-46,58.
⑥ 覃京燕. 科技伦理和科技美学视域下的人工智能创新设计问题 [J]. 创意与设计, 2023(1):11-18,28.

（Samiul Azamhe）和玛丽娜·加夫里洛娃（Marina Gavrilova）运用判别视觉美学进行人脸识别，并采用了通过个人审美信息进行人员识别的改进方法，对带有用户审美偏好的图像进行识别评估。[①]那么图片的各要素就成了数据归类的选项，使人类的审美喜好以数据的形式明确。查丽蒂（M Charity）和朱利安·托格柳斯（Julian Togelius）介绍了名为美容机器人（Aesthetic Bot）的程序内容生成系统，该系统通过收集Twitter上的民意调查数据，能在较短时间内改进地图设计，提高游戏地图的视觉体验感，并预测能在未来提高系统与用户之间的双向沟通反馈能力。[②]游戏地图的视觉设计吸引力也可通过机器学习和预测用户偏好而达到大幅度的提升。因此，人工智能作为强有力的科学技术，通过将人类感性的审美偏好以数据形式明确化，并以个性化信息服务于人类，提升整体社会舒适度和资源利用率，营造生产、传播、消费各链条都人机交互的泛化审美环境。

4. 身体美学视角

身体的重要性在很长一段时间内被忽视，传统认知中将身体与意识分割为感性与理性，身体似乎集中体现了人类的欲望和局限，在宗教中身体是被极力摆脱的对象，人类脱离了身体的局限和束缚便可获得精神自由，因此身体常常受到排斥与抑制。但人工智能在发展过程中无法跨越的难题需要身体来解决，同时科技产品要想获得人类的认可，则需以人类身体为研究对象，通过数据的形式将感性身体客观化。身体似乎也成了部分学者否定人工智能艺术的理由之一，他们反向推论身体对于人类获得智力、创造力等能力的重要性，因此身体美学视角在人工智能审美研究中有其独到意义。

当人工智能作为工具服务人类时，它以人类身体为对象，表现在智能运动、智能彩妆、智能问答、智能家居等领域。王雅楠以人工智能产品设备为研究对象，认为可佩戴智能设备在注重外观审美化的同时以服务身体为目的，

[①] MOUHOUB M,LANGLALS P.Advances in Artificial Intelligence:30th Canadian Conference on Artificial Intelligence,Canadian AI 2017,Edmonton,AB,Canada,May16-19,2017,Proceedings 30[C]. Switzerland:Springer International Publishing.2017:15-26.

[②] WARE S G,ECER M.Proceedings of the AAAI Conference on Artificial Intelligence and Interactive Digital Entertainment[C].PaloAlto:The AAAI Press,2022.

是人对身体的理性认识和审美追求。[①] 曾祥惠认为以人脸美的追求为目的的智能彩妆容纳了用户体验信息，能实现用户自我的个性化展示。[②] 肖宇强通过对 3D 打印服饰和智能化运动服饰的分析，认为人工智能运用在服装设计方面体现了审美时尚，并实现了身体与时尚的互动，人工智能与身体美学、材料科技结合能创造丰富的时尚形态。[③] 王俊以身体姿态评估和人像分割分析方式设计了一种智能美体的应用软件，并在运用方式和界面上带给用户一种简洁大方的交互体验。[④] 在智能美体方面，国外学者同样关注到人工智能对人类追求躯体审美的重要性。刘淑玲（Alice S. Liu）等人利用人工智能将面孔中的性别二态性进行预示，用以评估面部吸引力。[⑤] 通过定量研究，他们认为男性和女性的上颚面倾斜度更大则更具吸引力，并运用智能系统自动识别面部信息，将审美客观化具体化为数据。乔瓦尼·布扎卡里尼（Giovanni Buzzaccarini）认为以 ChatGPT 为代表的内容生成式人工智能可以提供关于美容手术的风险预测、最佳治疗方案选择、效果预测等服务，根据用户数据提供个性化服务并提高资源利用率。[⑥] 它将成为人类追求躯体审美的最佳工具。曹晔阳认为人工智能作为工具从理解、展演、训练消费三方面介入人类身体化的审美活动中，消解了身体间性并加剧身体符号化程度，身体在人工智能那只是数据表现，符号表征。[⑦] 人工智能对人的身体进行审美规训，使人类审美平均化，消磨个性审美。但曹晔阳的观点忽视了人的审美的能动性和差异性，以及文化环境的差异性，由此引导审美在标准化和个性化之间矛盾运动。在审美多样性问题上，列夫·马诺维奇（Lex Manovich）认为人工智能可以参与到日常

[①] 王雅楠.感官媒介·身体理性：智能可穿戴设备的审美分析[J].江汉学术,2018,37(1):87–93.

[②] 曾祥惠.基于用户体验的智能化彩妆产品设计研究[D].广州：广东工业大学,2021.

[③] 肖宇强,戴端.人工智能时代下的时尚审美与身体之维[J].服装学报,2020(3):228–233.

[④] 王俊.基于先验知识和深度特征的智能美体 APP 的设计与实现[D].北京：北京邮电大学,2021.

[⑤] LIU A S,SALINAS C A.SHARAF B A.Using Artificial Intelligence to Quantify Sexual Dimorphism in Aesthetic Faces: Analysis of 100 Facial Points in 42 Caucasian Celebrities. Aesthetic Surgery Journal Open Forum[J].Oxford University Press,2023.5:1–14.

[⑥] BUZZACCARINI G,DEGLIUOMINI R S,BORIN M. The Artificial intelligence application in aesthetic medicine: how ChatGPT can revolutionize the aesthetic world[J].Aesthetic Plastic Surgery.2023:1–2.

[⑦] 曹晔阳,秦钰雯.身体间性、符号展演与审美规训：浅析人工智能对身体美学的影响[J].当代电视,2022(6):21–28.

审美活动中，为大众提供个性化风格，而这种自动服务并不会导致文化多样性的降低和审美的标准化。计算机所绘制生成的数千万个具有差异性的文化产品，尽管AI模型不变，但呈现给观众的仍然是单个对象之间的差异。他在 AI aesthetics 中概述了人工智能融入文化时代所产生的问题，并认为当具有足够庞大的数据样本，以及运用无监督式机器学习方法可帮助人类获得从未意识到的事物内在的联系，从而摆脱固有思维模式，获得看待文化的多样化方法。[1]

当人工智能作为类主体时，国内学者从身体美学视角否定了其具有意识的可能。李伟以身体美学理论和缸中之脑为例说明身体及身体的社会文化属性在意识形成中的重要性。[2]身体既是人工智能无法超越人的关键之处，也是人工智能发展的方向。徐杰、刘萧等学者从身体视角剖析了人工智能无法具有意识以及无法超越人类艺术的原因。[3]徐杰引用现象学的具身性理论阐明人类的意识是在身体的多次交互指涉过程中逐渐形成的，审美意识的产生同样依靠身体对环境的感知，无身化的人工智能无法获得自反性思维，从而不具备超越人类艺术的前提。刘萧则借宇文所安对诗歌的认知，从诗歌本身的发展历程出发，指明从古代诗歌"诗乐舞"三位一体到"诗乐舞"的分离，诗歌经历着符号对行动的赋形与行动对符号的反抗历程，而无身化的人工智能是符号赋形的极致化。诗歌的本质是身体行动而非语言符号，由此推翻人工智能诗歌的合理性。张新科通过列举与灵魂对立的身体、处于消费景观中的身体、被工具理性掌控的身体和被虚拟网络包裹的身体说明身体对人类认知的重要性，由此反推机器写作与人类写作的本质区别。[4]与此相反，刘亚斌通过分析人工智能的本质是机器的肉身化，批判人类中心主义。[5]学界多从感性的、生物的、社会的身体视角批判人工智能不具有精神意识，但大机器生产

---

[1] MANOVICH LEV. AI aesthetics [M]. Moscow: Strelka Press, 2018: 20.

[2] 李伟. 身体美学视阈下人工智能发展断想：人的本质属性与"缸中之脑"模型[J]. 美与时代（下）,2019 (11):11–16.

[3] 徐杰. 人工智能时代的身体美学定位[J]. 西南民族大学学报（人文社会科学版）,2021,42 (2):169–176.

[4] 张新科. 人工智能背景下的艺术创作思考[J]. 艺术评论,2019 (5):142–150.

[5] 刘亚斌. 肉身的机器化与机器的肉身化：人工智能美学的身体之维[J]. 美与时代（下）,2019 (11):4–10.

以来人肉身的机器化屡见不鲜，生物性肉身并不是人与机器区别的关键，也大可不必以肉身设定人类的独特性，一味从肉身视角苛责人工智能还有以人类优势贬斥对象存在的不合理性的意味，是为人类自我存在寻找优越性的心理在作祟。

身体既是人工智能服务的对象之一，也是人工智能进一步发展所不可或缺的因素。对身体的发掘虽不是由人工智能引发的，但人工智能的形态特征促使人类对自身身体高度重视并进行深度探索。因此，以上研究一方面有利于提高人工智能的实际运用效果，另一方面也有助于使人类摆脱身心二元论思想。

5. 马克思主义美学与智能审美

马克思主义美学从阶级制度分析的视角审视人工智能带来的审美影响。对整个社会的运行而言，人工智能作为新型的社会生产力，影响了艺术与普通产品的生产过程，甚至在理想状态中，成为变革社会的关键力量。此外，在当代社会，技术的发展往往离不开资本的运作，任何思想倾向的传播都潜含着一定的意识形态意味，而人工智能的迅速发展带来的恐慌情绪是不是权力与资本操纵的结果？是否有利于某一特定阶级？人工智能的技术进步与相关话语引起了部分马克思主义美学研究者的注意。

人工智能作为生产力进入生产过程会影响艺术的生产地位和社会变革，一些学者从马克思主义出发否定机器艺术的独创性以及审视人工智能进入艺术市场所带来的影响。汪玉兰通过强调劳动的重要性阐述缺乏主体意识的弱人工智能无法参与社会劳动实践，因而不具备创造美和欣赏美的能力，因此，将人工智能艺术视为人类创造性活动的对象[①]，以服务人类为核心，帮助人类实现生存的审美化建构。李楠楠认为作为智能化媒介的人工智能在审美生产上既有优势也有缺陷：一方面人工智能使艺术大众化，消解了艺术的神圣性，也使审美文化生产更为人性化，媒介技术的发展促进了审美文化和审美风格的多样；另一方面艺术品价值不高，意识的缺乏使人工智能创作只能是制作

---

① 汪玉兰. 人工智能可以"创造美"和"欣赏美"吗？: 基于马克思主义美学视角的思考[J]. 前沿, 2022(3):19—26.

而非创造。[1]高梦雪聚焦于艺术的内外部生态,探索人工智能对文艺内部环节的影响与对外部产业市场的影响,对内改变创作观念,以内容的立体化表达和精准传播改变大众的参与姿态;对外革除文艺与市场结合产生的弊端,打破创作垄断促进创作民主化。[2]吴文瀚从话语实践角度审视了人工智能艺术,认为其显在话语是技术理性对非理性的操纵,潜在话语是权力和资本的狂妄想象。[3]人工智能对艺术领域的介入彰显了人类对生命的追求渴望,生命美学在冰冷机械的控制中越发凸显,由权力资本制造的幽灵应使人类更清醒地认识自我,而非迷失自我。温弗里德·费克尔（Winfried Fekel）则关注的是人工智能政策话语,将人工智能政策话语类比于民主,阐释人工智能的概念本身如何赋予政策制定话语许可,以创建特定的算法解释、批评机制。[4]作者质疑人工智能一词在政策话语中的片面性。因此为摆脱话语权威和偏见,作者主张探索人工智能如何反映特定世界观,并认为人工智能形象的自主设计能脱离人工智能政策话语的范围。针对人类对人工智能的恐慌态度,刘方喜认为人工智能电影中营造的异化的美学假象,实质上是一种意识形态障眼法,资本主义企图通过电影将人与人过度竞争的矛盾关系转移到人与非人身上,掩人耳目。目前出现的"智能过剩"只是在资产阶级内部垄断过剩。刘方喜以鲁德谬误为例说明当代无产阶级不应反对人工智能技术,而应联合起来抛弃资本主义才能摆脱生存困境。乔安娜·齐林卡（Joanna Zylinka）在他的著作《AI艺术：机器视觉和扭曲的梦》中集中探讨艺术生产与接受问题时也将矛头直指资本主义。[5]他认为人工智能所表现出来的想象力和创造力应当使我们反思人类以什么方式拥有创造力。梦幻般地冲击感官的智能艺术成为资本主义麻痹大众神经的工具,人工智能潜在地为神经极权主义服务,捕捉注意力、认知,在神经领域为新自由主义服务。身体与自我以算法的形式透明呈

---

[1] 李楠楠,张伟.人工智能时代的审美生产及其技术指向[J].齐齐哈尔大学学报(哲学社会科学版),2021(7):61-64.

[2] 高梦雪.人工智能对艺术生态的影响研究[D].深圳:深圳大学,2020.

[3] 吴文瀚.论人工智能的话语实践与艺术美学反思[J].现代传播(中国传媒大学学报),2020,42(4):100-105.

[4] OUZOUNLAN G. Evental Aesthetics[J].Sound art and environment,2017,6(1):3-23.

[5] ZYLINSKA J.AI art: machine visions and warped dreams[M].London:Open Humanities Press,2020:145-153.

现，而作者引用韩炳哲的"白痴"主义用以应对这种状态。王惠民、刘方喜将人工智能视为可能实现共产主义社会的生产力，那么在人工智能普及的共产主义社会中人类所从事的劳动是美学劳动，是实现自我存在价值的自由劳动。① 不过这是以私有财产的扬弃为前提条件，同时始终将人工智能作为服务于人类的工具，本质而言这种幻想也是技术乌托邦主义。

6. 人工智能与后人类美学

后人类是相对人类而言的，人工智能的发展态势让人类意识到人工智能具有意识甚至将来能获得超越人类的智慧。当下人机共生的赛博格已经处于发展初阶，当人类不再是地球上唯一的主体时，人类将如何对待其他主体？如何与其他主体和睦相处？如何看待人类的生存形态？是否意识永存将成为可能？机器主体的出现会引发一系列新的审美问题，正是人工智能的发展推动了后人类美学的深入研究。

后人类审美视角区别于上述视角之处在于它在认同未来多主体的基础上，对未来可能出现的审美状况进行了合理预测。如果说纯身体美学研究是关注外在于人类身体但服务于身体的人工智能产品与艺术，后人类美学则关注以技术和身体为基础的内在于身体的人机交互现象。国外最早讨论后人类概念的是伊哈布·哈桑（Ihab Hassan），他在1977年的一篇文章《作为表演者的普罗米修斯：走向后人类主义文化？》中首次提出后人类概念，认为人类形态会发生根本性转变，人类中心的时代将被去人类中心时代取代。② 之后唐娜·哈拉维（Donna Haraway）在《赛博格宣言》中提出赛博格概念，人机混合的生命状态将作为人类新形态参与到社会中。③ 或许人们认为后人类时代还遥不可及，但试想当下的整容美体、医学领域的科技运用，可知后人类状态实际上已经内在于人类当下的存在状态了，它正逐渐成为日常化的现象，

---

① 王惠民.人工智能时代的美学劳作[J].哲学研究,2021 (8):51–61；刘方喜.超越"鲁德谬误"：人工智能文艺影响之生产工艺学批判[J].学术研究,2019 (5):147–155,178.

② HASSAN I.Prometheus as performer: Toward a posthumanist culture[J].The Georgia Review, 1977, 31(4):830–850.

③ HARAWAY D.A manifesto for cyborgs: Science, technology, and socialist feminism in the 1980s[J]. Australian Feminist Studies,1987,2 (4):1–42.

悄无声息地嵌入生活中。国内学者在哈桑（Ihab Hassan）、哈拉维（Donna J. Haraway）、海勒（Katherine Hayles）等人的著述的启发下也在深入思考未来可能出现的美学前景。王晓华基于人工智能与生物技术的发展致使人类与机器结合会跨越人类学界限这一预测，主张进行后人类美学研究。[①] 后人类美学比起强调机器与人类和生物结合的界面，更关注人类与非人类他者的关系以及多主体共存的美学现象。王坤宇在王晓华的理论基础之上审视后人类审美，他以后人类影像为审美对象，以人机交互的媒介身体为审美主体，高度重视生物与非生物界限模糊的后人类征兆。[②] 黄逸民更注重从生态美学视角审视后人类美学所呈现的人与自然、机器的交互关系。[③] 简圣宇认为后人类时代，身体不再是纯肉身，而是处于与机器相结合的状态，人类身体可以在与技术结合后超越原肉身的限制而获得更高层次的审美感知，从而实现人类的进化。[④] 并且能通过过渡主体意识实现机器代理人类的主体性。而在意识层面，人机结合面临机器凌驾于人之上的危险，李恒威认为可以对赛博格进行伦理引导而避免出现对人性的颠覆。[⑤] 孙向晨借鉴中国传统伦理"人禽之别"理解人机嵌合，认为人机嵌合的本质是人以有限能力打破自然规律，实现人类自身的进化。[⑥] 他警示人类发展无须求急，以稳中求进观念应对后人类发展。随着后人类理论的发展，人文主义在不断受到挑战后也走向了后人文主义，蒋怡反对将后人文主义视为自由人文主义的衍生，而应当对后人文主义持批判态度，摆脱人类中心主义立场，思考人与非人的共生关系。[⑦] 肖建华引述海德格尔（Martin Heidegger）的后人文主义观点，认为后人文主义并非抛弃人文主义，而是对人文主义进行批判性反思，它能改变传统的人与对象、理性与感性、人文与科技的二元对立关系，由此获得海德格尔所认为的人真正的自由

[①] 王晓华. 人工智能与后人类美学 [J]. 首都师范大学学报（社会科学版），2020 (3):85–93.
[②] 王坤宇. 论后人类审美的三个维度 [J]. 学术研究，2021 (3):160–166.
[③] 黄逸民. 身体、生态与后人类美学 [J]. 河北师范大学学报（哲学社会科学版），2022,45 (1):132–141.
[④] 简圣宇. "赛博格"与"元宇宙"：虚拟现实语境下的"身体存在"问题 [J]. 广州大学学报（社会科学版），2022,21 (3):91–104.
[⑤] 李恒威，王昊晟. 赛博格与（后）人类主义：从混合1.0到混合3.0[J]. 社会科学战线，2020(1):21–29.
[⑥] 孙向晨. 人禽之辨、人机之辨以及后人类文明的挑战 [J]. 船山学刊，2019 (2):5–10.
[⑦] 蒋怡. 西方学界的"后人文主义"理论探析 [J]. 外国文学，2014(6):110–119,159–160.

存在。① 陈汉从身体视角审视后人类时代文学走向，认为后人类语境能使已有的文学批评流派思想获得进一步阐释的空间。② 总之，后人类美学不仅是应对未来挑战的理论，也是已有理论发展的契机，同时也显示了对人类中心主义的解构之后的再建构。

除了理论探讨外，在艺术实践上国外学者探索了后人类阶段多主体对艺术创作的参与。乔安娜·齐林卡（Joanna Zylinka）思考后人类艺术的发展走向，他认为与其将人工智能艺术视为人类艺术2.0版，倒不如思考人工智能对艺术、人类以及非人类的意义。他认为我们需向其他智力与感知开放人类的感觉器官，认识到人类与机器和生物的纠缠，以探索后人类艺术。③ 马丁·乌尔里希（Martin Ullrich）和塞巴斯蒂安·特朗普（Sebastian Trump）在借鉴了普鲁姆（Prum, R. O.）的生物艺术概念后，从进化美学和后人文主义理论视角出发，将社会参与扩展到人类与非人类动物以及人工智能之间的合作，从音乐表演领域展现多物种声音合作。④ 在肯定非人类动物及人工智能的创造力的基础上，他们认为多元进化、多元共生理念会促进更多样化、复杂化的社会互动。除了人与非人之间的交互外，普雷德拉格·尼科利奇（Predrag K. Nikolic）还探索了机器与机器之间的交互，他制作了两个能对话交互的机器人以挑战具有普遍抽象人类知识的人工智能。⑤ 同时，一些机器语料库中包含的荒诞戏剧、无意义诗歌等，通过以独特方式调整单词与意义可以创造出属于机器风格的新模式，也有助于进一步拓展传统对话美学。

总之，人工智能技术领域不断出现的突破性进展逐渐使人类意识到"后人类"时代的到来并非痴人说梦，人类在面对技术变革时应做好迎接新兴技

---

① 肖建华.在后人类时代重思人文主义美学：以海德格尔的后人文主义美学观为例[J].当代文坛,2019(1):170–181.
② 陈汉.后人类视域下的身体诗学研究[D].兰州：兰州大学,2019.
③ ZYLINSKA J.AI art: machine visions and warped dreams[M].London:Open Humanities Press,2020:149.
④ ULLRICH M,TRUMP S. Sonic Collaborations between Humans,Non–human Animals and Artificial Intelligences: Contemporary and future aesthetics in more–than–human worlds[J]. Organised Sound,2023,28(1):35–42.
⑤ NIKOLIC P K,TOMARI M R M. Robot–Robot Interaction, Toward New Conversational Artificial Intelligence Aesthetic[J].NewYork:Association for Computing Machinery,2022:1–9.

术革命后果的准备,"后人类"时代也会为美学发展提供新的机遇。

7. 人工智能美学研究透视

国内外学者对人工智能美学研究方法不同,各有侧重。中外在研究方法、研究重心、跨学科程度上各有不同,各有侧重,中外取长补短,相互结合,可使人工智能美学研究更趋全面深入。中外相关研究在凸显各自特色的同时也具有一定的一致性,总体上具备多视角审视能力、问题导向和跨学科程度高等特点,也具有同质化缺陷,缺乏历时性研究的特点。下文笔者将通过对比分析中外研究的差异与共性、特点与缺陷,反思人工智能的审美研究。

首先,中外研究方法不同。国内学者在探究人工智能的审美主体性、审美价值等方面时,倾向于以传统美学理论为基石,致力于以学理思辨的方式分析人工智能是否挑战了传统美学权威,以及对未来美学发展的影响。例如,陶锋、王峰、马草等人对智能机器的审美创造力从数理逻辑、创造力概念、偏差创造等方面提出不同见解;而国外学者则侧重于以实践研究、对比研究方式,以数据形式呈现人工智能所带来的审美体验差异,以及探究机器对已有艺术的开拓性创新等。例如,泰勒·达雷维奇(Taylor Darewych)研究受众对人工智能艺术和人类智能艺术的不同体验感时,会以行为学和电生理学测量方法测得的结果呈现为客观数据。其次,中外研究重心不同。国内学者更看重人工智能作为潜在主体对艺术及人类社会产生的突破性影响,例如,判断人工智能是否具有自主的审美判断力、创造力,是否会颠覆人类艺术成就,是否会成为社会阶级变革的巨大推动力,以及对后人类社会的审美问题的思考。国内学者更关注人工智能的自然语言处理、深度学习领域。而国外学者侧重于研究人工智能作为工具手段对实际应用和各领域艺术的效用,关注重心在于计算机视觉、深度学习、智能机器人等领域,例如,人工智能能将非理性、朦胧感性的审美偏好和审美体验以客观形式呈现。无论是致力于提高审美判断能力,还是参与到艺术创作中激发创作者的艺术潜能,智能机器都服务于提升人机交互质量并帮助创造人类艺术的审美价值。最后,中外跨学科程度不同。国内学者从美学视角探究智能机器时与现阶段的算法知识结合还不够,多将美学与文艺、哲学、社会学等人文社会科学内部门类结合,而对具体算法的运行规则、特质了解较少。而国外关注智能机器的审美能力的学者并不局限于人文社科领域，他们将审美当作提升应用吸引力的方式，跨学科程度较高，例如，美容美体领域和游戏软件领域的研究人员探究受众的审美偏好以改善用户体验，而计算机领域研究者会以算法为手段，以审美为目的，致力于提升机器的审美判断能力。因此，受到研究者领域的影响，国内外关于人工智能美学的研究的跨学科程度不同。

总之，国内外理论家们运用多领域知识从多角度审视人工智能带来的审美现象，为未来人工智能审美发展奠定了理论基础。

首先，视野开阔，多角度审视审美问题。国内外学者的研究覆盖了人工智能的各领域应用，除了人工智能艺术外，语音识别、内容生成式机器、智能机器人等领域应用的审美价值都得到了关注，并提升了人机交互质量，从审美视角剖析智能社会呈现出的个性美、交互美、舒适性特征。并且人工智能作为科技涉足艺术领域，作为生产力推动社会变革，以芯片程序为外观引发对身体存在价值的思考，以及以成为主体为终极目标而引发对后人类生存的思考，上述问题在多视角的注视下得到了全方位阐释，带给研究者多方面的思路启发。

其次，跨学科程度高。人工智能技术产生了很大的社会影响，文艺要想永葆生机，必须抓住这个机遇，将文艺与技术结合，探索文艺发展的新路径。多领域学者参与到人工智能审美判断能力、审美创造力、艺术美学等方面的探究，所需要的专业知识涉及美学、艺术、哲学、计算机科学、脑科学等学科，而在实际研究中，国内学者更倾向于从哲学、艺术、社会学角度探究，国外学者综合了多领域，并能将算法、脑科学知识结合融入美学问题中。因此，国内学者也应深入了解算法运行原理，才能对人工智能的发展有更确切的把握，避免纸上谈兵。

最后，中外研究具备问题导向型探究特点。由于真正从美学视角探索人工智能的时间较短，研究还处于起步阶段，因此，研究主要针对的是人工智能进入人类社会带来的审美效应，例如，审美主体的探究针对人工智能是否会取代人类的问题，艺术美学的探究针对人工智能艺术是否可称为艺术、是否会取代人类艺术的问题，身体美学的探讨针对身体是否对人工智能发展有价值的问题，马克思主义美学重视人工智能促成人类社会如何变革的问题，后人类美学的探讨多针对类主体的人工智能启示人类如何应对多主体环境的问题。另外，以上研究具有同质化倾向，这种倾向表现在探讨人工智能艺术是否具有审美价值，是否具有审美主体性、创造力等问题上，一直以人类艺术所具备的能力评判异质性的人工智能艺术的价值。而人类的非理性能力、创造力、情感、历史文化等因素是否定智能艺术的主要因素。不论是从人与人工智能的本质不同，还是人类创作与人工智能创作过程的不同方面都可说明两者并无可比性，仅仅是研究人员有意图地使人工智能艺术以人类艺术的形式呈现。造成这种现象的原因在于学者们的关注点相同，由于关注此类问题的大多数学者为文艺学或哲学领域的学者，对计算机学科知识掌握不够，致使对问题的思考比较简单，偏于人文方面，因此联合多学科学者进行跨学科综合研究势在必行。再者，目前研究中主要涉及的是审美主体、审美心理、审美接受、艺术美学等，更倾向于探讨情感、理性、意向性、创造力、艺术、身体、后人类等概念。所涉及的理论思想主要有康德的审美判断理论、黑格尔的艺术哲学、形式主义与结构主义理论、海德格尔与本雅明等人关于技术的理论思考、舒斯特曼的身体美学理论、唐娜·哈拉维的赛博格理论等，而中国古典美学思想很少被涉及。中国古人崇尚"天人合一"，关注人与万物的和谐相处，古典美学思想或可给予后人类发展独到的启迪。上述研究中还缺乏历时性研究，目前研究集中于对机器模型的共时性分析，缺乏对智能机器带来的审美嬗变的历时性探索，历经几十年沉浮发展至今的人工智能在审美特征与受众的审美体验方面发生了变迁。从单领域的智能运用走向全域化的智能时代，在人工智能本身带有的审美特征可从响应能力与结构控制视角分析，趋向于灵活性与秩序性，而在受众的审美体验上可见人们对瞬时性的审美追求，对风格个性化的掌控，以及语系差异带来的体验差异。

人工智能审美研究的目的是以人类为中心，思考人工智能的出现对人类审美的影响，以上论文并未集中说明人工智能介入社会对人类的审美能力、审美环境、审美心理、审美习惯、审美方式等方面的影响。随着人工智能技术水平不断提高，以上各方面的审美探索都会呈现流动趋向，可根据智能机器发展趋势预测未来审美变化走向。

（二）人工智能与审美嬗变

通过历时性研究，我们可以揭示人工智能发展历程中的审美变迁，在历时变迁中感受智能美的力量。自20世纪60年代至今，弱人工智能发展不断突破限制，从"人工智障"走向"人工智能"，以机械美为主导的时代逐渐被智能美时代替代。本质而言，从机械机器走向智能机器即从动能工具转变为智能工具。智能机器生产在传统机械生产追求精准美的基础上更着重于拟人美，从标准化的生产模式中摆脱出来，走向个性化自由创造。单一的机械运动不能满足人类的对话需求，信息与机械的结合为智能时代提供了可能。智能机器以作为信息体的人类为出发点与落脚点，打造以信息为核心的智能审美时代。在智能机器的起步发展阶段中，智能审美在机械审美中孕育蜕变，并在审美领域、审美特征、审美感知等方面发生变迁，由此可推测未来智能时代的审美走向。

1. 智能审美领域：从单领域走向全域化

在几十年的发展中，人工智能带给受众的交互审美体验从单一艺术门类扩展到人类生活的方方面面。1962年，人工智能诗歌创作已经出现，美国Auto-beatnik软件能将诗歌作品重组编排，形成新的文本；1965年，第一幅机器绘画作品由格奥尔格·内斯（Georg Nees）编码实现；20世纪70年代，半机械式的人脸识别技术投入运用；20世纪80年代，大卫·柯普（David Cope）运用算法艾米创造出第一部由机器辅助完成的歌剧《摇篮坠落》；1997年，计算机深蓝击败世界象棋冠军；2011年，iPhone手机首次推出智能语音助手功能；2016年，阿尔法狗击败世界围棋冠军李圣石；2017年，第一部人工智能诗集《阳光失了玻璃窗》问世。随着中国政府部门印发的人工智能产业规划，2017年成为人工智能产业化元年，人工智能被投入医疗、家居、金融、美妆、运动等多个领域，进一步打造智能社会，以交互性为核心的智能审美体验扩展到各个行业领域。2022年由OpenAI公司研发的ChatGPT最先在医学领域引起关注热潮，使ChatGPT参与到诊断检查中，提高了疾病诊断准确率，并辅助做出医疗决策。而在美发领域，英伟达认为可运用GPU和ADMM实现人工智能生成的虚拟头发飘逸真实，使人们烦恼的剪发效果不佳问题迎刃而解，它打破了想象的漂浮感而带来真切视觉感知，使用户在追求理想美感时畅通无阻。人工智能从起步阶段只是运用于军事领域以及艺术领域，后来逐渐投入市场，实现人工智能产业化、生活化、常态化，算法的改进成熟所形成的多领域的智能系统，既是对人类智慧能力的审美化欣赏，也是对社会化智能的审美化体验，以智能美全域性装饰日常生活实现日常生活审美化。历经六十年的发展历程，智能系统从知识核心阶层下放到大众生活，人工智能成了不同于机械设备的变革社会的新兴生产力，将人从低级智能中解放出来，反向推动高级思维能力的提升。智能机器虽然降低了审美的难度，但若人类不提升自身的审美意识，审美能力或呈弱化趋势。

2. 人工智能的审美特征

人工智能作为机器从内在智能原理和外在响应效果上呈现出不断变化的态势。内在结构秩序的极致化趋势逐步增强，而外在响应效果上灵活性程度不断提升。正是结构化程度的增强改善了外在响应效果，带给用户更为舒适、智能的美感体验。

内在智能原理：秩序的极致化趋势。人工智能本质上是以算法逻辑表现人类行为，机器的智能水平取决于科技人员为其建立的环境结构化程度，但结构化程度的提升是对非规则美的排斥与边缘化。早期人工智能只能运用于一些结构化程度高的知识领域，自上而下式地输入标准规范的知识。ELIZA是20世纪60年代开发的基于规则的对话程序，主要用于模拟心理治疗会话。虽然在当时被认为是突破性人工智能，但ELIZA只是按照预先定义的规则进行响应操作，只能检测简单的语言模式并对此回应，而无法处理复杂的问题和多层语义结构的句子。但在被当成智能时代的当下社会中，无论是图像识别还是语音问答，无论是方言、耳语还是中英混合都能被机器识别。以图像识别技术为例，卷积神经网络的运用和大规模数据集的建构，需要运用足够的数据训练图像识别模型从而提高识别精度，使不同姿态、颜色、形体的动物都能精准识别，虽然2012年谷歌研究人员领导的卷积神经网络带领图像识别技术迈入新台阶，但在其他领域如语言文化领域，以及机器的结构化程度还有待提高。即使当下的智能机器实现了多轮语境对话，提高了语言理解的准确度，但以汉语为代表的高语境文化中很多词汇、成语的语法结构无法被归纳总结，因此为保留语言文化精髓，中国科技人员必然要尽快将以成语、谚语为代表的语言文化精髓结构化，否则使用频率一旦降低，文化生命力也因此受到挑战，因此未来在提高机器的智能化的过程中，社会文化结构化程度必然不断加深。但随之而来的是人类思维的结构化程度相应提升，在与机器交互过程中机器简洁直白的表达方式以及人类追求效率的心态会影响人类的思维方式，这在某种程度上容易造成对非理性能力的忽视，以及对非结构性审美的压迫，而事实上并非所有呈现秩序规则的事物才具有审美价值。以波德莱尔（Charles Pierre Baudelaire）为代表的诗人重视开掘"丑"的美学潜力，他认为不规则碎片重新排列拼贴后所具有的丰富动感的视觉效果并不比规整的事物的视觉效果逊色分毫。因此，未来对秩序结构的强调可能会影响审美多元化和思维方式的多元发展。

外在响应效果：从机械性转向灵活性。算法的改进与数据训练的加深致使智能机器的反应灵敏度得到提升。受到自上而下式的规则影响，作品创作中首当其冲的是意图性和机械性，程序员在输入特定规则所产生的艺术成品时并不能给人以耳目一新之感，毕竟特定算法输出的结果符合程序员的认知范围。早期运用于人脸识别的智能程序其精准度不高，需要检测人员在旁指导并处理不可识别的情况，而当下随着深度学习人工神经网络模式的发展，对人脸系统进行多次训练识别后人工智能能自己总结经验，从而提高识别的精准度和灵活性，不同穿着和头饰的搭配，甚至经过化妆整容也可精准识别。2020年3月起，支付宝推出口罩识别，采用虹膜识别技术，摆脱传统的以面部识别技术为主的不稳定性。20世纪80年代大卫·柯普运用机器创作音乐时需要为每个作曲家建立与其风格对应的数据库，以自上而下式输入"艾米"中，而"艾米"输出的音乐风格也只能机械式地具备其中一种风格，并且当遇到不同音乐片段需要选择时"艾米"采用了结果树数学公式，本质而言是在已有规则的基础上顺势而为。但在编入音乐风格时则需要专业领域人员，并需大量时间将人类文明史上多位艺术家的作品以数学规律呈现，这种机械式编码方式无法解放人力，反而是多此一举。而在自下而上式算法规则指导下，音乐风格编码的工作由人工智能替代，并在深度学习多种风格之后融会贯通，运用偏差算法生成具有创造性的艺术作品。2017年，以对抗性生成网络为基础，绘画领域的科学家们创造了 CAN 程度，轻而易举地通过了图灵测试。目前以偏差形成的创造性风格并非突破性的革新，但若将人工智能偏差创作的作品编入数据库，在多次偏差之后的作品的风格也许会让人耳目一新。由此，在元程序思维的变革下进行的学习输出使人工智能在逐步发展中符合人类审美取向，并且深度学习后的机器选择并非生产者所能解释，多样选择孕育出富于流动变化的审美对象使用户实现个体审美自由。传统机械限制审美边界的格局为边界开放的个体自由多维拓展所取代。以当下热门的自然语言处理模型 ChatGPT 的发展历程为例，2018 年的 GPT1.0 不具备理解人类语言中潜在含义的功能；到 2020 年的 GPT3.0 能够以 40% 的正确率回答心智测试；再到 2023 年的 GPT4.0 能完全正确地回答心智测试，达到一个正常成年人水平。由此可知，人工智能在不断更迭的过程中更为灵活地融入人类社会，人类在欣赏智能机器的灵活度和拟人性程度的同时又潜在地怀有忧虑的心理，但未来这种灵敏度与拟人化程度可能会不断加深，人工智能的研究是否会沦为新的造神计划？

3. 感知主体的审美体验之嬗变

内外突破的人工智能带给用户的审美体验也呈现渐变趋向。人工智能自身技术的完善迎合用户的瞬时性审美追求，用户将个体主导能力贯注到机器应用中，呈现出个性化机器风格，但在各类文化语境下的受众会因机器语言语料训练差异而体验不同。

速度感知：瞬时性的审美追求。对于速度的审视维利里奥（Paul Virilio）阐述了他的独特见解：将速度与时间结合，他认为自数字空间发展以来，时间优先于空间，时间加速使过去与当下的体验感消失，这已成为现象风潮。[①] 处于这种数字环境下人工智能的发展也无例外，人工智能的运算速度受硬件、算法、数据量等方面的影响。早期人工智能运用逻辑符号表示和处理知识，基于大量的规则和逻辑的自上而下式的运算方式致使以电子管方式进行计算的计算机运行缓慢，随着晶体管、集成电路技术、微处理器技术、并行计算技术、GPU 技术的发展，计算机计算速度从每秒五千次浮点运算发展到每秒

---

① 保罗·维利里奥. 解放的速度[M]. 陆元昶，译. 江苏人民出版社，2004:88.

5.49亿亿次浮点运算。随着人工智能从符号主义转向联结主义，内部算法从专家系统到机器学习算法、深度神经网络，研究人员运用TPU，多途径提升运算速度。20世纪70年代以Mycin为代表的专家系统在回答问题时需1~2分钟的反应时间，而当下以ChatGPT为代表的大语言模型仅需几秒的反应时间便可呈现结果。虽然信息爆炸的时代数据量也呈指数式增长，但现实增速需求反向推动人工智能提升运算速度，不断逼近速度极限。人工智能在历经几次寒冬几次热潮后，在几十年时间内获得现有成就，而科技进步神速并非出现在人工智能单一领域，过去从蒸汽时代、第一次科技革命起，每个时代都经历了日新月异的变化，交通工具从最早的马车开始，到1804年火车发明，1885年汽车问世，1903年飞机问世，1964年最早的单轨铁路出现于日本东京，1976年超声速飞机问世，到1984年，磁悬浮列车首次亮相于伯明翰。以指数为科技速度代名词并非当代的特权，过去几百年的时间里技术进步已成常态。无论是对反应速度的追求，还是对发展速度的追求，对于瞬时性的渴求是各时代普遍的审美追求，隐含着人们以时间消灭空间的欲望。当下快节奏的生活中人们厌弃等待，失去了冷静思考和体味周围环境的耐心，越极速的回应越符合人们的审美趣味。人们越来越不需要空间的延伸拓展，只青睐时间的加速突破。瞬时的审美体验和审美追求也倒逼技术人员不断探索，实现技术进步。对瞬时性渴求的背后是追求高效率的功利心以及资本的逐利本性，资本本性不变，人工智能在未来速度上的挑战就不断。未来人工智能在反应速度上或许能凭借数学计算和硬件、软件设施的进步而抵达奇点，智能机器会在经历多次寒冬之后破解核心阻碍，实现广泛运用。总体发展速度上呈现为高速发展后速度下降，积累沉淀后实现最后的爆发，虽然速度变化作为持续几百年的整体社会风潮无法改变，但个体应增强审美感知意识，使自我的时间慢下来，体验时空中的变化美。

审美风格：偶然美走向个性美。1962年德国斯图加特诗派利用人工智能进行诗歌实验，随机性与偶然性中所得的文本受到该学派的青睐，企图使文学文本摆脱作者主观控制，并将以语料库喂养出来的诗歌视为去主体化、数字化的新诗。[1] 这种在看似无序或偶然的瞬间获得的颇具美感的词语也能触

---

[1] 李睿. 基于语料的新诗技：机器诗歌美学探源[J]. 外国文学动态研究, 2020(5):42-49.

动灵魂。人工智能在随机组合时需要受众的主观判定，无意识的输出契合于独特风格的审美理想时，大量糟粕之句必然会被裁剪掉，与其说是由技术选择的偶然美生成，不如说是技术限制下的无奈以及摆脱人类创造力的枯竭困境的手段。当下的人工智能系统中语言的组合选择并非由接受者主导，仍然呈现着随机美，但科技人员在喂养诗歌时的选择，以及接受者的能动性使作品在随机美的基础上呈现出个人的主观个性风格。ChatGPT 以其多轮对话功能区别于其他智能系统，也使人机对话处于语境氛围中，以受众审美取向为标准指导诗歌进行多轮修改，更改随机组合的内容，使其随机美更符合受众的审美理想，如以"机器人的末路"为题，通过象征、隐喻手法的指导修改，并提供示范作品，让人工智能从中总结优秀作品的写作思路，由此得出"只有生命的独角兽 / 它们在孤独中欢快起舞 / 为生命的奇迹欢呼歌唱"等优秀诗句，不同受众以同一标题输出的内容风格各异。在弱人工智能无法自行突破审美难题时，受众以个性化审美理想指导智能机器的同时也借助丰富语料库和随机组合能力提升自我审美水平。当人工智能作为辅助性工具时，以人类身体为服务对象的智能机器会根据个体身体提供个性化服务，如美妆产品、时尚服装产品、身体数据监控等。网易有道于2022年推出个性化语音定制功能，运用在导航播报、伴读朗诵、有道词典等多领域，个性化语音满足科技的人文关怀需求。从随机美到个性美的转变意味着主体的审美自觉意识增强以及时代多样化的审美需求。

语言媒介：美感体验裂隙彰显。语言媒介的智能使用会因机器语料训练的差异而出现体验参差。由于美国在互联网发展中抢占先机，并有金融、技术与前瞻性政策辅助，美国成为数字资本主义的领导核心。而人工智能是以美国人约翰·麦卡锡（John McCarthy）和马文·明斯基（Marvin Minsky）等科学家为首进行研发的，借助互联网技术，大量数据被产生、存储、传输和共享，人工智能技术日益普及并深入日常生活中。在整个环节中英语是网络通用语言，也是人工智能发展的基础语言，虽然所有的数据必须转换成二进制数字才能被计算机识别，但以美国为首的技术大国对机器进行语料喂养、训练、实验时都以英语为首要语言。而中文作为表意文字，结构复杂、语义层次多样，加之中国早期技术不成熟，语料喂养数量较之英语数据更少，相较于英文数据，中文数据体量小，加之传统高质量平台"天涯社区""搜狗科学""博客"等凋零落寞，而当下平台信息充斥着引战对骂、缩写字母、广告营销号等内容，在表达沟通上更追求抽象，能够给人工智能喂养的高质量中文语料少于英文。并且国内互联网公司之间数据封闭，数据沟通不易实现，造成中国人工智能语言模型的发展受限。以中文为代表的汉藏语系在模型上的表现差于以英、法文为代表的罗曼语系，人工智能处理中文时会出现反应较慢、理解错位等现象，相较于处理英文，用户体验感略逊一筹。20世纪人工智能起步阶段，由于技术局限，即使是英语也无法获得高效的审美体验，中英文体验差距不大。但随着技术障碍不断突破，中英文体验裂隙彰显。未来如若不解决中文语言信息传输的技术缺陷以及中文数据质量不高的问题，不能尽早形成能媲美英语语言模型的中文语言模型，人工智能的语言性能缺陷会更为严重。如前所述，未来人工智能的发展速度必然呈指数型加快趋势，高质量语言模型与下游产品的差距也必然呈指数型扩大趋势。如若不正视目前出现的差距，未来或许母语非英语的人们在使用人工智能时体验感始终差于母语为英语的人们，并出现语言鄙视链，将原本高语境、更具蕴藉韵味的语言边缘化，会造成民族文化被边缘化的问题。因此积极克服数据壁垒，发展中文语言模型才能打破英语的一言堂局面，使高语境语言更具魅力。

4. 人工智能审美嬗变的生成原因

人工智能的审美观念与审美体验的变迁不仅是技术发展的结果，也与审美语境、理性精神的发展有关。首先，人工智能在历经几十年发展后在算法、算力和数据方面有了质的飞跃，并随着研究深入，参与其中的学科日益增多，可以跨领域、跨学科多向探索人工智能的可能实现途径。社会学、哲学、语言学等人文学科的参与使人工智能从一个机器趋向于文化主体，它对文化、社会、人类走向的影响也是人文学者关注的焦点。当下热门的ChatGPT是以Transformer模型、Prompt算法构建的大规模预训练语言模型，而与之对应的最早对话型智能产品是用于模拟心理治疗的ELIZA，从文不对题到高效人性化沟通，对人类语言和情绪表达方式的深度学习促使ChatGPT日益人性化、实用化。当下各语言文明国家技术发展的差异性造成文明体验感略有不同，未来人工智能朝着精神、类人属性方面深入发展直至奇点来临之时，体验鸿沟加深，审美这种行为或将不为人类专有，多主体审美现象或可出现。此外，由技术牵引的整个社会的审美语境发生了变化。克里斯多夫·库克里克（Christoph Kucklick）认为大数据、移动设备、智能机器等数字技术已将粗粒型社会转变为微粒型社会，微粒化的个体成为单体，通过数据量化方式自证单体存在的价值特性。[①]在微粒社会中的单体会呈现出分散性、非理性、游戏、移情特性来反抗社会控制机制。因此微粒人更强调个性化，突出自我在整个社会中的差异特征。微粒人运用互联网、短视频媒介创造的个性化视频，将艺术与日常生活的间隙隔阂打破，促进了日常生活的审美化。审美客体从高雅艺术扩展到科技产品构建的智能社会，技术理性精神极度扩张，会促使人们以理性解密非理性能力，科技理性的极度膨胀还容易导致结构规范的审美理想被奉为圭臬，对不规则、变幻无序的审美趣味进行侵凌。以上三点使得个体对人工智能的审美体验处于变化流动中，未来审美体验变化会更为显著。

5. 人工智能审美嬗变的积极意义与反思

以灵活性、秩序美为主要审美特征的人工智能嵌入日常生活的各个角落，使人们的生活舒适度不断提升，日常生活日益审美化。人机交互更加流畅、自然、高效。烦琐无趣的计算和数据处理交给智能机器能降低数据处理的错误率。追求瞬时性的人工智能可以更快地检测各类安全问题并提供智能解决方案，护卫人类生活的安全，提升舒适感的同时也为审美生活奠定了基础，使知识获取更为便捷，审美创造的门槛降低，对高雅艺术和优秀作品的获取与感知都更加便捷。它作为具有审美价值的机器工具能帮助人类探索开拓艺术审美新境界。以偏差方式创造的绘画音乐作品即使不被视为标准的艺术品，但已经具备着审美价值的线条、色调、音律，能激发读者的审美感悟，已进入审美境界。且随机性组合结果可以为艺术家提供灵感，当下的弱人工智能不具有变革型创造力和自主意识是不争的事实，艺术家可以将其作为审美创造的辅助性工具手段。同时它日益替代重复型智力劳动，反向逼迫艺术创作

[①] 克里斯多夫·库克里克.微粒社会数字化时代的社会模式[M].黄昆,夏柯,译.北京:中信出版社,2018:10.

者突破自身局限，进行艺术创新。

  人工智能正在成为深入探索、发现和表达人类美感的重要工具。然而当技术力量无所不能，以理性结构秩序为核心的审美理想成为主流审美时，也容易出现对非秩序的、多元变幻之美的扼杀，当所有文明都被结构化时，人们对多元变幻之美进行品味时首先想到的往往是它是如何被结构化的，它的内在秩序表现形式是怎样的。正如维利里奥在对现代社会快速发展进行反思时指出的，在科技建构的现代竞速社会中，时间优于空间，时间对空间的取代意图使空间不断边缘化，加速时间带来的是体验感的消失，忽视了时间的丰富性。在追求速度、心浮气躁的环境中，即使审美途径更为便捷，人们对美的感受力和凝神贯注的耐心也会慢慢消散，虽然处在审美环境中，但失去了体验思索高层次美感的耐心，只能停留在肤浅单薄的感官刺激。此外，由于英语国家对智能技术的垄断，运用非英语的语言进行交互的体验感较差，长此以往高语境语言的审美价值不断被弱化，英语国家的价值观作为主导价值观还会潜移默化地产生影响，将带有偏见的话语到处传播，导致单一价值观盛行甚至形成垄断。因此发展多元语言模型、克服语言障碍刻不容缓。

  未来人工智能与人类应互促共进，机器依靠人类智力和信息数据不断更新迭代，营造更为智能舒适的社会环境，造就日常审美生活。但个体应保持自身清醒意识和审美感知意识，不断充实提升，避免空洞化，才能与机器共进。而智能机器的跨语言交互体验的差异感问题应由专业技术人员在语料库的语种选择上做到公平公正，并降低机器对语料数量的依赖程度，摆脱单一价值观垄断，实现多语言文明共促共进。

二、虚拟现实：技术、审美的化合与美学的新机

  随着数字化时代的到来，科技不断发展，各种新奇技术层出不穷。新兴科学技术在推动科学进步、改善人们日常生活的同时，也在潜移默化地影响着人们的心灵与精神世界。虚拟现实技术作为近年来最受关注、发展也最迅

速的科技之一,一方面给人们带来了许多物质生活上的便捷,另一方面也给人们的娱乐生活增添了新的色彩。随着虚拟现实技术渐渐进入我们的日常生活,社会生活在发生改变的同时,原有的与社会文化息息相关的美学体系也必然会随着社会的发展为迎合社会经济文化等的变化而做出相应的改变。

虚拟现实技术作为近年来最受瞩目的科技成果之一,被广泛运用于教育、商业、医疗、游戏等领域。它不仅改变着人们的物质生活,也影响着当下的美学形态。一方面,虚拟现实技术本身的技术特性决定了它具有独一无二的美学特性;另一方面,虚拟现实技术作为一门实用科技,在与社会上众多的艺术形态融合时,不可避免地会对其产生影响,先是影响其外在形态,而后是影响其美学内涵。也因此,它在潜移默化中会影响到中国当代的美学体系,影响着中国美学的众多分支。

(一)虚拟现实技术的兴起与冲击

VR(Virtual Reality),即虚拟现实技术,又称虚拟实境或灵境技术,指的是"把虚拟现实看成对虚拟想象(三维可视化)或真实三维世界的模拟。对某个特定环境真实再现后,用户通过接受和响应模拟环境的各种感官刺激,与其中虚拟的人及事物进行交互,使用户有身临其境的感觉"[1]。它是一种先进的人机交互技术,是人们链接沟通现实与虚拟世界的一项里程碑技术,也是21世纪最受瞩目的高新科技成果之一,早已遍布中国各大角落,悄无声息地改变着人们的生活。更有人推断,21世纪将是虚拟现实技术的时代。

1.虚拟现实技术的兴起与发展

虽然直到近年虚拟现实技术才日趋火爆,但其概念早在20世纪就已被人提出。美国是虚拟现实技术的发源地。早在20世纪80年代,美国VPL公司的创始人拉尼尔(Jaron Lanier)就首次提出了VR的概念。但在概念诞生后,民间并没有推广开来,反倒是美国军方据此技术概念进行军用仿真器研究。由于造价昂贵、技术复杂,此时的VR多属于军用。此后,随着三维图形技术、多传感器交互技术及高分辨率现实技术等一系列基础技术的出现,虚拟现实

---

[1] 娄岩.虚拟现实与增强现实技术概论[M].北京:清华大学出版社,2016:2.

技术得以有了发展的可能。

在众多基础技术的加持下，首次提出 VR 概念的 VPL 公司成功研发出了第一套传感手套"Data Gloves"，随后日本的 Sega、任天堂等企业也相继研制出自己的虚拟现实产品，VR 技术开始逐步推广发展。但是由于当时的设备及成本的限制，VR 在社会的普及率仍旧不高，还是属于少部分上层富人或精英人才方能体验的稀奇科技。直至 2012 年，Oculus VR 发布 Oculus Rift，民用 VR 设备浪潮才就此开启。VR 设备不再局限于军用，而逐步走向民间。

相比美国、日本等其他国家，中国的虚拟现实技术研究起步较晚。直至 20 世纪 90 年代，这一技术在我国才逐渐受到重视。但在此后，我国虚拟现实技术的发展一直带有一种急迫感，这是有其客观原因的：随着时代发展与我国经济模式的调整，虚拟现实技术的前景越发明朗，各大发达国家也愈加重视其研发产出。而对因种种原因错过了数次科技革命的中国来说，掌握科技的主动权越发重要。因此，国家数次发文，大力扶持虚拟现实技术的研发，且推出众多优惠政策鼓励虚拟现实产业发展。

2016 年以前，虚拟现实技术在我国还显得很"小众"。2016 年，随着世界范围内虚拟现实产品的再一次爆发式产出，虚拟现实技术一跃成了资本市场最火爆的投资对象，我国的虚拟现实技术也迎来了高潮。VR 技术迅速得到国内市场及投资者的青睐，大批资金开始涌入，形形色色的 VR 产品也开始涌现。因此，2016 年被称为"VR 元年"，被视为虚拟现实技术发展的关键节点。然而资本涌入得快消退得也快，VR 技术还未等真正建设起来，"寒冬"又悄然而至，VR 技术也因此逐步消失在人们视野中。直至 2021 年，随着"元宇宙"概念席卷全球，虚拟现实技术终于再一次成为万众瞩目的焦点。虽然起步晚，但近年来，随着国家愈加重视高新科技的发展，高度重视虚拟现实技术的开发应用，我国的 VR 技术得到大力扶持，发展势头强劲，隐隐有后来居上的态势。到现在，虚拟现实技术已经成为我国在世界范围内领先的技术之一。深圳市人工智能产业协会发布的《2021 人工智能白皮书》显示，国内的虚拟现实及增强现实技术虽然起步晚，但是发展迅猛，在国际上已经处于"并跑"状态。此外，世界 VR 产业大会连续五年在江西南昌举办，中国虚拟现实产业的迅猛发展从中可见一斑。

总的来看，从概念萌芽到初期研发、技术积累，再到产品迭代及产业化发展，虚拟现实技术的发展历程稳健而漫长。经过数十年的发展，随着设备和产能提升，以及我国科技实力的上升，虚拟现实这一技术逐渐由尖端技术走向普通大众，在人们的日常生活中扮演着不可或缺的角色。

2. 虚拟现实技术的技术特征

虚拟现实技术强调人在虚拟系统中的主导作用，强调现实与虚拟世界的连接与交流。具体来说，针对虚拟现实技术本身我们可以归纳出几个特征，其中最广为人知的，同时也是认可度最高的，即是其"3I"特性：沉浸感（Immersion）、交互性（Interaction）和想象性（Imagination）。

其中，沉浸感又称临场感。意指主体在虚拟环境中感受到的真实程度，整个人仿佛身临其境一般。这是虚拟现实技术最核心的特征，"是虚拟现实最终实现的目标，其他两者是实现这一目标的基础，三者之间是过程和结果的关系"[①]。最理想的沉浸即是使用户难以分清虚拟与现实，得以全身心投入虚拟环境中。

交互性，顾名思义指的是虚拟现实系统中的人机交互。这里的交互是一种近乎自然的交互，"使用者可通过自身的语言、身体运动或动作等自然技能，对虚拟环境中的任何对象进行观察或操作"[②]，且得到的系统反馈也是自然的、真实的。这种交互具有实时性，当用户试图与虚拟现实系统进行交互时，系统界面能迅速识别并给予用户反馈，使用户得到与现实相似的互动感。

想象性，则是强调虚拟现实技术应具有广阔的可想象空间。虚拟现实系统由于具备完善的视听感应、触觉感应装置，能够为用户构建出虚拟环境，因此用户的认知范围不再局限于现实世界，还能延伸至虚拟世界，认知范围得以大大拓宽。值得一提的是，虚拟现实技术不仅可以再现真实的环境，也可以"再造"现实，构建出实际不存在的环境。

除了上述几个特征，后人还在"3I"特性的基础上进一步完善，用"多

---

① 娄岩. 虚拟现实与增强现实技术概论 [M]. 北京：清华大学出版社，2016:3.
② 娄岩. 虚拟现实与增强现实技术概论 [M]. 北京：清华大学出版社，2016:3.

感知性"替换了"想象性",将虚拟现实技术的特征总结为"沉浸感""交互性"及"多感知性"。其中,"多感知性"是指虚拟现实技术除了提供常见的视听感知外,还有可能提供运动感知、嗅觉感知、味觉感知等,甚至具备人类应有的一切感知系统。这种特征划分也广受欢迎,多感知性同样被视作是虚拟现实技术最显著的特性,是虚拟现实技术区别于其他数字多媒体技术的关键,同时也是虚拟现实系统最大的优势,充分体现了人作为主体在虚拟现实系统中的主导作用。

(二)美学视角下的虚拟现实技术

虚拟现实技术不仅掀起了一场科技革命,也掀起了一场美学革命。它的出现不仅对于科学技术领域是一大突破,对于人文社科领域的影响也不容小觑。VR的兴起不仅改变了我们的日常生活,也在挑战传统的审美惯例。

1. 虚拟现实技术的美学审视基础

虚拟现实技术作为21世纪的一门实用技术,何以能从美学角度进行审视和探讨?这是我们首先要面对的问题。

美学学科诞生至今,不过两百多年历史,相较而言还是一门年轻的学科。这就意味着美学体系不像其他历史长久的学科一样稳固完备,其本身的建构还有需要进一步完善的地方,需要众多学者合力补足。而纵观美学的发展演变,显而易见的是它并不是一个封闭的、永恒的系统。随着时代的发展及人们认知的改变,不断会有新的思想理论或方法途径汇入总的美学画廊中,并由此出发生成各种形态的美学分支。这种多元化发展所体现的开放性对学科建设而言是极为有益的。

正因如此,科技与美学两者看似相互独立,但实际上二者的包容性都十分强大。当它们交融碰撞后,新的美学门类就生成了,技术美学就是在此基础上形成的。这也是我们能对虚拟现实技术进行美学审视的基础。

技术美学,也称工业美学、生产美学或劳动美学,它诞生于20世纪30年代。作为一门独立的现代美学应用学科,技术美学是现代生产方式和商品经济高度发展的产物,是美学门类与技术科学等多学科交叉,相互渗透、相互融合的产物,也是艺术与技术的结合。它的重点是将美学原理应用于技术领域,强调从技术角度探讨美学问题。早在20世纪60年代,技术美学这一学科便被引入我国,但是直到20世纪80年代,这门学科才开始在我国兴盛起来。虚拟现实技术作为21世纪的高新科技之一,自然也与技术美学有内在关联,可从美学角度进行发掘、探讨。

从技术层面说,虚拟现实技术只是一门新科技,是自然科学领域的一次新突破,但是从功能层面看,它在不同领域中的功能和作用是不同的。虚拟现实技术当然可以被用于科学实践,这时我们通常以自然科学的视角看待它,分析其技术特征、运行机制。但是它同样也可以被用于艺术展览等,与不同的门类应用碰撞会生发出新的文化美学意味。当它与我们的传统美学领域(如电影等表现形式)交叉,并形成新的艺术表现形态(如VR电影、VR绘本等)时,虚拟现实技术就超脱了自然科学的范畴而主动发挥着人文光辉作用。

2. 近年虚拟现实技术美学研究聚焦

回顾近年来中国的虚拟现实技术美学研究,能很明显地体察到学界对虚拟现实技术的美学研究与虚拟现实技术在社会上的走红具有正相关关系。2016年作为"VR元年",标志着虚拟现实技术真正被社会各界广泛接受。而在此之前,除了顶尖科技行业的部分从事者,社会上的人们普遍忽视虚拟现实技术,学界对此进行美学方面研究的论文著作也寥寥无几。到2017年,社会上的VR热潮仍在继续,而学术界也受到2016年盛大的"VR元年"影响,开始大量产出与虚拟现实技术有关的文章,从美学角度对虚拟现实技术进行再理解再研究成了时尚。乘着"VR"在国内的第一次热潮,虚拟现实美学研究的相关论文主要集中发表在2017年和2018年,此后研究逐年减少。直至2021年,"元宇宙"概念骤然席卷全球,与之相关的虚拟现实技术再次为学者热切关注。但是总体而言,关于虚拟现实技术的美学研究成果仍较少,关注的内容及分析的角度也时常有许多相近之处,创新视角较少。

首先,按照研究对象来看,近年来国内学者对虚拟现实技术的美学研究大体可以分为两类。

第一类研究是从本体论视角出发,从美学视角出发研究纯粹的虚拟现实技术本身。这一类的论文著作直接围绕虚拟现实技术展开探讨,对技术本身进行美学分析。此类研究难度较大,对研究者的知识储备要求很高,因而论文数量较为稀少,集中见于各大高校的硕博论文,剖析得比较深入且全面。

其中,较早地且较为系统全面地对虚拟现实技术进行美学研究的可以追溯至李勋祥在2003年发表的硕士论文《虚拟现实技术与美学研究》。在对虚拟现实技术的构成及应用进行一定的剖析后,李勋祥对其审美特征进行了初步的界定,认为虚拟现实的审美特征早已包含在其"三感"即沉浸感、构想感、交互性(虚拟现实技术的三大特性)中。[1] 邹连锋则聚焦于虚拟现实技术中的桌面虚拟现实,以虚拟美学的研究思路为基础,探究其"沉浸美"的特征与实现。[2] 他首先将虚拟现实的审美特征划分为"真"与"美"的物质特征及"构想性"与"交互性"的数字特征。在此基础上,进一步分析作为虚拟现实技术之一的桌面虚拟现实缺乏"沉浸感"的审美现状以及"沉浸美"实现的方法与可能性,目的是为桌面虚拟现实的美感体验提供完善与支撑。此后,山东大学的谢宜佳也从虚拟现实系统的视觉表现方面入手,提出了虚拟现实系统的艺术美与技术美,并结合实例分析了二者在虚拟现实作品中的运用,由此对虚拟现实系统进行美学方面的指导。[3] 这三篇硕士论文都成稿于2006年前后,时间较早。虽然此时已有人文社科学者开始关注这一技术,并试图对其进行美学方面的阐释,但由于当时我国的虚拟现实技术本身发展还处于起步阶段,且缺乏相应的文艺理论的指导,对其进行的美学研究自然也就略显单薄。

随着"VR元年"的到来,不仅虚拟现实技术本身发展迅猛,学界对虚拟现实的美学研究也越发深入。吴清亮的研究纵横结合,纵向上通过考察虚拟现实技术的美学形态流变,指出了VR的审美发生机制主要是"以虚拟现实环境刺激和人体器官神经感知为中介";横向上又结合具体实例详细论述了虚拟现实技术的逼真感、沉浸感与交互性的三大美学特征,并提出了VR发展存在着"感知渠道多元化""数据捕捉精准化""数据传输实时化"及"数据

---

[1] 李勋祥. 虚拟现实技术与美学研究 [D]. 武汉:武汉理工大学,2003.
[2] 邹连锋. 桌面虚拟现实中沉浸美的研究与实践 [D]. 济南:山东大学,2007.
[3] 谢宜佳. 虚拟现实系统中的艺术美与技术美研究 [D]. 济南:山东大学,2009.

计算能力强化"等四个美学新趋势。[①] 由审美发生机制到具体的美学特征，乃至对虚拟现实美学发展趋势的预测，比之前人，吴清亮对虚拟现实技术进行的美学探索明显更加全面且深入，同时更显系统性与条理性。除此之外，王晓雨在其硕士论文《"日常生活审美化"的当代转向——以VR技术为考察中心》中，也聚焦虚拟现实技术本身，试图以虚拟现实技术带来的"VR审美"为基础探讨"日常生活审美化"的现代转向。在文章中，王晓雨重点论述了VR技术带来的审美转向，将其归纳为内容的"多元化"与存在形式的"半独立化"，审美主体进行身体介入以及传统理性审美向感性审美的转变。[②]

除了上述几篇体量庞大的硕士论文，还有部分研究成果散见于各期刊。例如，王妍在其《虚拟现实技术系统的美学分析》[③]一文中指出，虚拟现实技术所具有的媒介功能、去蔽功能、虚拟性、互动性、沉浸性、超越性等美学特性，与艺术有许多共通之处，实际上体现了技术与艺术的融合特性。苏喜庆则从VR技术的空间影像表现形态入手，指出虚拟现实技术不仅使人类审美得以自在延伸，带来了超越性的美学体验，同时还导致了空间影像叙事由传统线性叙事向共时多重叙事的变革[④]，并指出了VR在美学体验上的互动仍旧只是形式互动而非内涵互动。同样的，谭雪芳也将关注中心放在了虚拟现实技术所构造的图像上，结合罗伊·阿斯科特（Roy Ascott）的"技术智力美学"观念以及雷吉斯·德布雷（Régis Debray）提出的"图像媒介演进史"，从技术、媒介及诗学维度对虚拟现实技术的技术智力美学特征进行分析。[⑤] 谭雪芳以图像媒介为视野核心的考察是新奇的，她引入的阿斯科特"技术智力美学"概念也为虚拟现实的美学研究提供了新的美学理论支撑，为相关研究也提供了启发。

此外，虚拟现实技术导致的审美新变是很多学者关注的重点。孟凡生、聂庆璞、韩伟、王晓雨等人都聚焦于VR技术带来的审美嬗变，关注新时代

---

① 吴清亮.虚拟现实技术的美学研究[D].海口：海南大学,2018.
② 王晓雨."日常生活审美化"的当代转向：以VR技术为考察中心[D].西安：西安电子科技大学,2021.
③ 王妍.虚拟现实技术系统的美学分析[J].自然辩证法研究,2007,23(10):62-65.
④ 苏喜庆.VR视镜下的影视空间审美与建构[J].文化艺术研究,2019,12(3):92-100.
⑤ 谭雪芳.从圣像到虚拟现实：图像媒介学视角下虚拟现实技术智力美学[J].福建论坛(人文社会科学版),2017(6):169-176.

背景下技术的演变对人们审美的影响，但几人的侧重点有所不同。孟凡生重点分析了虚拟现实技术对审美活动的介入导致的主体审美经验的基本内涵与范式的重构，认为"带入""浸蕴"和"交互性"成了当代新的审美经验特征，促进了当代美学的新发展。[①] 较之前者，聂庆璞则从审美活动的三要素（审美活动过程、审美对象及主体）出发，论述虚拟现实技术对审美的影响，但重点还是审美体验的变化。[②] 与孟凡生相似，韩伟与王晓雨同样关注到了VR技术所带来的现代化审美转向，但侧重点不同，二人先是在2020年的《技术与艺术：VR时代的审美新变》[③]一文中从审美主客体及审美标准角度论述了VR技术带来的审美转变，此后又在2022年发表文章探究了VR技术下的审美转向的必要性与合理性[④]等。

这些论文虽然没有先前提及的硕博论文那样宏观把握、系统严明，通常只选取某一视角切入分析，但分析细致严谨，具有一定的学术价值。

第二类研究主要聚焦于虚拟现实技术的实践应用，从VR技术与艺术门类结合后的载体出发，分析其表现形态的美学特征或变化。此类论文占比较大，数量众多，成果颇丰。若再深入细分，又可以分为虚拟现实艺术的美学研究与VR技术在各个具体的文艺体裁或行业应用（如影视、游戏等）中的美学探究。

虚拟现实艺术简称VR艺术，伴随着虚拟现实技术的兴起而产生，成为数字时代中一种新型独立的艺术形态，对原来传统的艺术形式造成了很大的冲击，并随之形成了一种风格独特的数字化艺术美学体系。对此，方源早在2012年的一篇文章中就对虚拟现实艺术引起的美学观念的变革进行了阐释，论析了虚拟现实艺术等新媒体艺术带来的审美距离的消减以及其体现的生理性与功利性特征，也探讨了涉及的美感与快感的两难问题。[⑤] 随后，王怡、吴

[①] 孟凡生. 虚拟现实技术与审美经验的变革 [J]. 文化研究 ,2017 (2):239–250.

[②] 聂庆璞 .VR 的审美辨思 [J]. 南京邮电大学学报（社会科学版）,2018,20 (4):65–70,78.

[③] 韩伟，王晓雨 . 技术与艺术 :VR 时代的审美新变 [J]. 榆林学院学报 ,2020,30 (3):7–16.

[④] 韩伟，王晓雨 . 必要性与合理性 :VR 技术下的审美转向 [J]. 海南大学学报（人文社会科学版）,2022,40 (1):172–179.

[⑤] 方源 . 新媒体之虚拟现实艺术与审美观念变革研究 [J]. 大众文艺 ,2012 (16):137–138.

<<< 第二章 数字化时代的技术审美与美学垦拓

霁乐及余佩融等人在《虚拟现实艺术中视听语言的应用分析》[①]一文中，着重研究了虚拟现实艺术中视听语言的美学形态，从审美形式与审美观念两个维度入手分析其美学新变，试图以此指导虚拟现实技术的应用。此外，又如，李剑和李栋宁在《虚拟现实艺术的美学探究》[②]中，立足于传统影像艺术与虚拟现实艺术的区别与联系，从审美方式、审美体验、美学追求等几方面论析了 VR 艺术对传统影像艺术的延续与超越，认为 VR 艺术的出现不仅推动了影像美学的变革，同时也改变了人们的美学认知等。可以看出，上述学者在对虚拟现实艺术展开美学维度分析时，主要还是集中在其导致的审美方面的变革上，重点是探讨 VR 艺术比之传统艺术形态的突破与新变，这也是当前虚拟现实技术美学研究的重点。

除了从宏观层面上对虚拟现实艺术进行美学阐释，对具体的虚拟现实视听影像进行美学分析最受学者青睐。这部分学者的研究主要集中在 2017 年后，随着 VR 技术真正在中国市场普及并逐渐兴起，研究重点主要集中在虚拟现实影像、电影和纪录片等的美学形态及审美特征、审美体验、美学价值、美学转变及技术和伦理的危机等方面。

还有不少学者围绕 VR 影视进行总体探究。这些研究不乏通过纵向考察对比探析其与传统影视艺术的异同的，比如，在王驰看来，虚拟现实技术的兴起及其在影视方面的应用，一方面增强了以往传统影视的逼真性美学，使观众感受到更真实可信的世界，另一方面也开拓了影视假定性美学的内涵，在近乎身临其境的体验中仿佛化身为虚拟世界中的一员，产生别样的美学体验。[③] 张为同样立足于技术美学视野，勘察和论析了 VR 影像较之传统影像在参与方式及体验方式方面的嬗变，再造真实与交互感知成了 VR 影像独有的特征。[④] 郭艳民、刘培也同样以对比分析的方式，总结出了视听媒体虚拟现实作品的沉浸、互动、真实、体验的美学特性。[⑤]

[①] 王怡, 吴霁乐, 余佩融. 虚拟现实艺术中视听语言的应用分析 [J]. 当代电影, 2014 (9):186–189.
[②] 李剑, 李栋宁. 虚拟现实艺术的美学探究 [J]. 南京艺术学院学报 (美术与设计), 2021 (4):169–172.
[③] 王驰. VR 对影视艺术假定性美学的影响 [J]. 出版广角, 2016 (12A):74–76.
[④] 张为. 技术美学视域下虚拟现实影像审美嬗变研究 [J]. 电影评介, 2020 (1):101–103.
[⑤] 郭艳民, 刘培. 论视听媒体虚拟现实作品美学特性中的三个关系 [J]. 中国新闻传播研究, 2021 (3):200–211.

也有针对 VR 影像展开的叙事美学的探究。施畅、李济宁、樊飞燕，三人都聚焦于 VR 影像的叙事问题，将叙事美学理论与虚拟现实技术联系到一起，以一种融合交错的眼光审视 VR 影像在叙事方面的特征。施畅在《VR 影像的叙事美学：视点、引导及身体界面》[①]一文中，即指出了虚拟现实影像较之传统影像的不同就在于沉浸与互动，其核心判断是，VR 影像的叙事美学主要可以划分为"主观视点""引导叙事"与"身体界面"三方面。李济宁延续了施畅的观点，同样将 VR 影像的叙事美学特征划分为"视角的增广""叙事的引导性"与"具身化特征"[②]，没有其他的突破。而樊飞燕从叙事美学与媒介文化两方面入手，一方面总结出了 VR 影像由于全景空间式叙事、体验叙事以及多感官叙事等叙事模式的改变生成的新的审美特征，另一方面对其进行了总结与展望，意味深长地表达了对 VR 可能带来的矛盾与沉溺的担忧。[③]

那到底该如何定义虚拟现实技术？VR 影像到底如何在真实与非真实的界限徘徊？这些问题仍旧深深困扰着学术界。也因此，一些学者从真实与虚拟的层面展开探究，对 VR 影视所表达的真实性与虚拟性进行重新审视，分析其美学体验的新变与美学理论的突破。在这一方面，李红秀与石田、高薇华都展开了研究。李红秀在 2017 年的一篇文章中聚焦 VR 影视的视听语言问题，结合技术美学、纪实美学以及蒙太奇等理论对其真实性与虚拟性展开反思。[④] 与之不同的是，石田、高薇华重点梳理了世界范围内的 VR 叙事短篇，并基于 VR 的仿真性与假定性特征，揭示了虚拟现实影像所具有的独一无二的仿真性、假定性、碎片化和强交互性的审美特征。[⑤]

此外，围绕各类 VR 影像的具体表现形式，聚焦于具体的虚拟现实电影的美学研究成果最丰，最受关注。关于虚拟现实纪录片的详细的美学探究也不容忽视。同样的，此类论文关注的焦点通常聚焦于 VR 电影及纪录片的美学特征及变革、审美建构、审美体验、审美价值、叙事美学特征等方面。虽

---

① 施畅.VR 影像的叙事美学：视点、引导及身体界面[J].北京电影学院学报,2017 (6):80-87.
② 李济宁.VR 影像的叙事美学分析[J].电视指南,2018 (10):210.
③ 樊飞燕.VR 影像的叙事美学与媒介文化研究[J].新媒体研究,2021 (21):119-122.
④ 李红秀.VR 影视：真实与虚拟的技术反思[J].新媒体与社会,2017 (4):244-256.
⑤ 石田,高薇华.真实的非真实:VR 影像创造视觉奇观的审美表征[J].西北美术,2019 (4):56-59.

<<< 第二章 数字化时代的技术审美与美学垦拓

然研究视角似有老生常谈之嫌,但是偶尔闪现的创新阐释与新奇解读对丰富虚拟现实美学研究也大有裨益。

在 VR 电影方面,易雨潇、白昱和赵福政、甘立海、张晓健等学者都以 VR 技术对电影美学的改变与重构为核心内容,对数字化语境下 VR 电影的美学形态加以探讨与论述。其中,易雨潇与白昱、赵福政都注意到了 VR 技术对电影的接受美学的影响。易雨潇认为,通过观者转向、行为重构、感觉重组与感官延伸,VR 技术实现了对电影接受美学的重构,打破了电影接受美学原有的形态。[①]与此同时,她还提纲挈领地提出了虚拟现实技术背后存在的规训危机,提出沉浸感其实可能是对人类大脑的阻断和感觉的剥夺,很具有启发意义。白昱、赵福政在《VR 电影美学特征探析》[②]中,同样从接受美学的视角出发,不仅探讨了 VR 电影"拟像"与"超真实"特性对接受美学的重构及对电影互动叙事的促进,同时也对 VR 电影背后的伦理问题进行了反思。此外,甘立海也指出,VR 电影通过构建新的视听接收系统,使互动与参与成功取代了观看,成了 VR 电影美学的新范式。[③]而张晓健则从传统电影美学的视角出发,对 VR 电影进行审视时认为,新时代虚拟现实技术与电影的融合一方面重新强调了电影真实性的美学追求,但另一方面也导致了蒙太奇的缺失、猎奇景观与视觉快感的膨胀。[④]

对审美分析的侧重也是学者的研究热点之一。扬州大学的李婉倩,结合技术美的相关原理,试图对 VR 影视的审美进行分析,梳理分析其审美分析基础、审美建构方式、审美特征,并针对 VR 技术在影视运用中的审美缺憾进行了策略分析。[⑤]总体而言论点清晰且深刻,成果喜人。相似的还有胡晓婷的《VR 影像的审美体验研究》学位论文,同样是从审美角度对虚拟现实影像进行分析,但研究范畴不似李婉倩一般面面俱到,主要以审美体验为核心,

---

① 易雨潇.观看、行为与身体治理 论 VR 技术对电影接受美学的重构[J].北京电影学院学报,2017(2):45-53.
② 白昱,赵福政.VR 电影美学特征探析[J].电影文学,2017(18):39-41.
③ 甘立海.虚拟现实电影的艺术特征及其美学研究[J].艺术科技,2017(7):91-92.
④ 张晓健.基于传统电影美学视角下的 VR 电影美学思考[J].西部广播电视,2018(24):139.
⑤ 李婉倩.影视艺术中 VR 技术的审美分析[D].扬州:扬州大学,2018.

分析了虚拟现实电影审美体验的演进过程、审美体验具体特性、审美体验的效用功能以及审美价值的改变。[①]虽然仅着眼于审美体验，但研究方法横向、纵向相结合，使研究得以系统全面地展开，具有较强的学术价值。

此外，还有部分学者专注于 VR 电影的某一特征，如王楠、廖祥忠聚焦于 VR 电影的沉浸与交互特点[②]，毛雨清聚焦于 VR 电影的审美距离变革。[③]此时的研究范围更趋狭窄与专一。

而在 VR 纪录片方面，"沉浸"与"真实"成了美学研究的关键词。现有的文献很大程度上都是围绕这两个特征展开分析的。例如，丁艳华在《浅谈虚拟现实技术在纪录片中的"沉浸式"美学》[④]中，通过结合实例分析，着重强调了虚拟现实技术带来的独特的审美特质，包括"沉浸感"视角、"交互式"对话以及"真实感"幻境。张烨从技术美学视角出发，同样揭示了 VR 纪录片背后沉浸、临境与开放交互的美学特性。[⑤]"超真实"的合成现实主义美学特征更是为徐小棠、周雯所重点关注，两人在数字人文的视野下对虚拟现实记录影像进行考察，印证了其"超真实"的美学特征。[⑥]

除了 VR 影视，VR 技术与其他艺术门类的结合作为虚拟现实技术的重要应用亦受到部分学者关注，但相对而言其美学研究较少，研究也不够深入，影响力较为缺乏，仍旧属于虚拟现实美学研究的空白地之一。虚拟现实游戏作为数字化时代的一种新型艺术形式，虽然前景良好，但以美学视角加以研究的学者并不多见。目前较为系统全面地对 VR 游戏进行美学阐释的是江南大学刘源的《虚拟现实游戏的美学特点研究》[⑦]一文，通过对大量 VR 游戏等虚拟现实作品的梳理，总结出 VR 游戏的沉浸美学、叙事美学、交互美学三大美学表现，并以此分析了 VR 技术对游戏美学的变革。此外，与 VR 相关的

---

① 胡晓婷. VR 影像的审美体验研究 [D]. 重庆：西南大学, 2017.
② 王楠，廖祥忠. 建构全新审美空间：VR 电影的沉浸阈分析 [J]. 当代电影, 2017 (12):117–123.
③ 毛雨清. 亲近与弥合：虚拟现实语境下电影审美距离变革 [J]. 新媒体研究, 2018,4 (10A):94–95.
④ 丁艳华. 浅谈虚拟现实技术在纪录片中的"沉浸式"美学 [J]. 当代电视, 2019 (12):87–89.
⑤ 张烨. 沉浸·临境·开放：虚拟现实纪录片的技术美学 [J]. 电视研究, 2020 (10):80–82.
⑥ 徐小棠，周雯. 建构数字文化记忆的辅助工具：虚拟现实记录影像的美学特征及其文化外延 [J]. 北京电影学院学报, 2021 (12):60–66.
⑦ 刘源. 虚拟现实游戏的美学特点研究 [D]. 无锡：江南大学, 2022.

艺术设计也偶有研究。例如，刘清涛结合岳麓书院虚拟化的具体实例，从虚拟美学视角出发探讨了文化遗产虚拟化的艺术特征与审美价值。[①] 职秀梅则考察了VR绘本的主要类型，并借此提出了VR绘本的审美特征等[②]。研究相对零散且单薄。

可以看出，对虚拟现实技术进行本体的美学探究的学术成果相对较少，但其条分缕析和理论框架的搭建对虚拟现实美学研究而言是具有重要意义的。而针对虚拟现实技术的实践应用，或是由于其具有的实践性更强、更贴近人们日常生活的特点，研究数量比之前者便更多，内容也就更丰富。

如果从研究方法看，众多学者的研究成果又可以大致划分为以下几类。

一是以美学的普遍视野对虚拟现实进行研究，如探究虚拟现实技术或虚拟现实艺术的美学形态、美学特点、审美发生机制、审美经验、审美价值等。总的来看，此类论文内容庞杂，上述所梳理的大部分文献都可以说是按照这种研究方法展开的，囊括性极强，值得下文更详细地论述，故而此处不多赘言。

二是将虚拟现实技术的相关美学形态与其他美学形态进行比照分析，探寻二者之间的相似性或差异性。其中频率最高的是将虚拟现实技术的美学特点与中国传统美学进行融合或对比分析。早在2004年，李勋祥、陈定方及李文锋三人即发表了《虚拟美学特征刍议》[③]一文，试图从媒介、技术、艺术等角度及虚拟现实的技术特性出发进行分析，提出虚拟现实作品的很多审美特征与中国艺术其实是相通的，尤其是传统美学中的"天人合一"，实际上正好契合了虚拟现实沉浸、构想、交互的特征。也因此，他们将虚拟美学看作中国传统美学思想在数字时代的延伸与发展。牛鸿英结合技术美学与传统审美境界的双重视角，发现虚拟现实技术沉浸式的审美体验与传统意境说的不谋而合，并试图借助传统美学原则指导促进虚拟现实技术的新时代发展。[④] 无独有偶，黄今同样着眼于VR技术与中国传统"意境"理论与"游观"美学相

---

① 刘清涛.基于虚拟美学的文化遗产虚拟化的研究：以岳麓书院为例[D].长沙：中南大学,2013.
② 职秀梅.VR绘本的美学特色与问题研究[J].编辑学刊,2021(4):99-103.
③ 李勋祥,陈定方,李文锋.虚拟美学特征刍议[J].包装工程,2004(2):141-143.
④ 牛鸿英.虚拟现实技术条件下传统美学的当代进路[J].中国文艺评论,2017(12):13-21.

融相通，尝试为中国电影诗性美学的建构提供理论基础。[①] 除了与中国传统美学进行对比分析，韩伟、王晓雨还尝试将虚拟现实审美与尼采美学联系在一起，从 VR 审美中挖掘酒神精神的内涵，寻找二者的契合点。[②] 通过不同美学形态的对比碰撞，这些研究一方面开拓了原有的研究视野，另一方面也丰富了自身的内涵。

三是将虚拟现实技术放在某些已有的既定的美学框架下探讨分析，有目的性地选择某一美学理论展开分析研究。不同于第一类论文中研究者只是以普遍的、一般的美学视角展开探析，此类学者往往是择取特定的美学理论对虚拟现实技术展开探究，导向性与目的性更强。举例来说，涂琳璐与冯雪宁都从身体美学的视角出发研究虚拟现实技术，强调身体在虚拟现实技术中的重要地位。其中，涂琳璐从理查德·舒斯特曼（Richard Shusterman）建立的身体美学出发，详细探究了虚拟现实技术下身体角色的重新强调与颠覆性变革，对虚拟现实技术下的身体观进行了分析论述。[③] 冯雪宁则主要将虚拟现实影像艺术具体放置于梅洛·庞蒂的身体现象学理论下，并在此基础上探究 VR 影像艺术的美学建构，核心是"身体图式"的转变及通过"虚拟化身"完成 VR 空间构建。[④] 此外，还有学者将 VR 技术置于中国传统美学语境中进行阐释，由王国维的"境界"论出发，将 VR 技术看作是境界的具象化，并将 VR 的应用过程视为"造境""写境"的体现。[⑤] 潘溯源立足萨特的想象美学理论，将虚拟现实艺术的审美特征与之一一对应，探寻"想象"在虚拟现实艺术中的实际体现等。[⑥] 这种研究的优点是条理清晰，且能为研究者提供众多不同的思路，同时丰富和开拓已有的研究。但缺点是一旦把握不好，论文就会有生搬硬套之嫌。

---

① 黄今. 沉浸与诗情：VR 时代中国电影诗性美学的再思考 [J]. 艺术学研究（期刊）,2019 (2):64–69.

② 韩伟, 王晓雨. VR 审美：激情·迷醉·反抗的美学 [J]. 海南大学学报（人文社会科学版）,2020,38(5):156–162.

③ 涂琳璐. 身体美学的现代语境：虚拟现实技术下的身体关照 [J]. 福建广播电视大学学报,2017(2):12–14.

④ 冯雪宁. 梅洛·庞蒂身体观视域下的 VR 影像艺术美学 [J]. 电影评介,2021 (6):75–79.

⑤ 李嘉泽. 论 VR/AR 在媒体艺术中的境界 美学具象化特征 [J]. 北京电影学院学报,2017 (2):141–146.

⑥ 潘溯源. 论萨特想象美学理论在虚拟现实艺术中的体现 [J]. 艺术百家,2017 (3):229–230.

3. 虚拟现实技术的审美思辨

如同前文所言，对虚拟现实技术的审美探究是上述大多数论文难以忽视的研究重点，值得在此进行深入探索。一方面，审美活动本就是美学研究的核心对象；另一方面，审美活动与人们的日常社会生活关系最为密切。

具体而言，学界有关虚拟现实技术的审美方面的研究，主要围绕着下面几方面展开叙述。当然这并非指这些论文的研究内容仅仅包括下列所提及的某一方面或某几方面，只是表示论文有部分重点涉及罢了。

首先，是关于审美的基础理论研究，主要针对虚拟现实技术的审美发生机制或者美感来源。涉及此类研究的论文可称冷门，数量稀少，不过寥寥几篇。例如，吴清亮在分析了广义的虚拟现实技术的美学形态流变的前提下，梳理出了VR技术的"神经刺激、反应——虚拟环境"[1]这一生理—心理运行机制，并基于此归纳出VR技术净化性的沉浸感及全面性交互的特征。而李婉倩先是立足于VR技术的技术性基础与艺术性基础的分析，主要借助虚拟现实影视中所具有的"自主视线、情绪与氛围营造"[2]的技术特性来分析其审美构建。

其次，还有泛谈虚拟现实技术及其应用的具体审美特征的。这些研究成果主要聚焦于虚拟现实技术的沉浸性、交互性、真实性、想象性等几个审美特性上，往往大同小异。不管是虚拟现实技术本身，还是依赖于虚拟现实技术的种种应用，其运行核心就在于这一技术本身所具有的特性，即其沉浸感、交互性、想象性等。

早在2003年，李勋祥在探析虚拟现实技术时就一针见血地指出，"虚拟现实的审美特征早已包含在'三感'之中，尤其是沉浸感"[3]。这也是许多学者步入虚拟现实美学研究的起点。此后诸多研究在论及VR技术的审美特征或美学特性时，也常常围绕着上述几个特征展开叙述。其中，"真实性""沉浸性"与"交互性"最为核心，学者所提及的其余很多审美特征在一定程度上也是

---

[1] 吴清亮.虚拟现实技术的美学研究[D].海口：海南大学,2018.
[2] 李婉倩.影视艺术中VR技术的审美分析[D].扬州：扬州大学,2018.
[3] 李勋祥.虚拟现实技术与美学研究[D].武汉：武汉理工大学,2003.

由这几个核心所延伸而得。例如，吴清亮虽然是从广义的角度理解虚拟现实，但是在提及具体的 VR 技术时，他仍旧坚持其"逼真感、沉浸感、交互性"三大美学特征。[①] 丁艳华探讨的虽然只是虚拟现实纪录片，但其总结的 VR 纪录片审美特质与吴清亮的核心观点是十分相近的。[②] 而石田与高薇华通过梳理归纳众多 VR 短片，指出其除了具有仿真性、强交互性、假定性的审美特征，还因主体的"沉浸"与"互动"导致了影片叙事的碎片化特征。[③] 相似的，在论及虚拟现实艺术的审美特征时，孙斌在"超真实性"与"沉浸性"之外，还提出了"非线性"审美特征[④]，这一"非线性"其实也就包含了上述所提及的"碎片化"特性……

不难看出，相当一部分涉及虚拟现实审美特征的研究总是难以挣脱其技术特性的框架束缚，出新之处较少，有时看似见解独到，实际上与其他文章核心观点并无二致。因此有些时候这些关于虚拟现实技术的审美特征研究就显得有些冗杂，甚至给人一种"审美"疲倦之感。虽然部分论文表述上可能略有不同，但是很多时候其探讨核心都大同小异，甚至存在重复的地方。如此一来所导致的结果就是，虚拟现实的相关美学研究进展缓慢而卡滞，研究内容的成果数量完全不平衡。由此在一定程度上造成了相似的文献观点堆积的情况，使得本就较为缓慢的虚拟现实美学研究进展难以持续推进。

再次，虚拟现实技术及其应用的相关审美形态研究。具体而言，可以涉及审美主客体的各方面。例如，探究偏重审美主体的触感美、视觉美、听觉美，随着技术的提升，甚至还可能出现嗅觉美，由时空塑造或视听感知还能引起审美主体的沉浸美、感性美、想象美；又或是研究偏重审美客体的空间美、时间美、技术美、形式美等。当然，与审美主体相关的审美形态实际上单独列出讨论的很少，在探究虚拟现实技术的具体审美特征时常被囊括其中。而涉及偏重客体的审美形态的研究则相对较多。较早的有谢宜佳的《虚拟现

[①] 吴清亮. 虚拟现实技术的美学研究 [D]. 海口：海南大学, 2018.
[②] 丁艳华. 浅谈虚拟现实技术在纪录片中的"沉浸式"美学 [J]. 当代电视, 2019 (12):87–89.
[③] 石田, 高薇华. 真实的非真实：VR 影像创造视觉奇观的审美表征 [J]. 西北美术, 2019 (4):56–59.
[④] 孙斌. 论虚拟现实艺术的审美特征 [J]. 中国电视, 2019 (10):74–77.

实系统中的艺术美与技术美研究》[①]一文。立足于虚拟现实技术的艺术属性与技术属性，她对虚拟现实的艺术美与技术美两种审美形态进行了探析，一方面揭示了 VR 的艺术美与技术美的具体特性，另一方面也通过具体实例探析了二者的综合特征，试图指导艺术美与技术美更好地结合运用。此外，扬州大学的李婉倩在其硕士论文中也对影视艺术中的虚拟现实技术的技术美、功能美、形式美[②]等进行了详细论述，同样是理论结合实例展开分析，对于虚拟现实技术与影视艺术的融合有着较强的指导意义。

最后，以虚拟现实技术为技术核心的多种艺术形态背后所体现的当代审美文化的转变也是众多论文探究的重点。包括审美趣味、审美观念、审美方式、审美理想等的改变，以及"日常生活审美化"的凸显等，这些都是先前的研究反复强调的。

通过对多种传统艺术形式与其引入虚拟现实技术后的艺术形式的比较分析，学者们各自总结出其审美形态的转变。从传统影视、游戏、艺术转向 VR 影视、VR 游戏及 VR 艺术，外在表现形态变化的同时，其审美形态也悄然改变，而这种转变也正代表着当代人的审美趣味、审美观念、审美方式等的改变。其中，由传统影像到 VR 影像导致的审美嬗变最为学者所关注。例如，甘立海在《虚拟现实电影的艺术特征及其美学研究》一文中，着重提出了 VR 电影"由观看到参与"的美学转变。[③]而张为则对比分析了传统影像与虚拟现实影像，从参与、体验方式及影像功能等几方面剖析了二者的区别，更加全面地分析了传统影像向沉浸、多感官感知以及再造真实的审美取向的过渡。[④] 此外，孟凡生从更加宏观的角度考察了虚拟现实技术本身与当代审美经验的问题。[⑤]作为新媒介技术的一种，VR 技术对审美活动的介入使得审美经验不断发生变化，步步转变为以"带入""浸蕴"与"交互"为核心。

纵观这些艺术形式的美学形态转变，往往离不开由旁观到参与交互、由

[①] 谢宜佳.虚拟现实系统中的艺术美与技术美研究[D].济南：山东大学,2009.
[②] 李婉倩.影视艺术中 VR 技术的审美分析[D].扬州：扬州大学,2018.
[③] 甘立海.虚拟现实电影的艺术特征及其美学研究[J].艺术科技,2017(7):91-92.
[④] 张为.技术美学视域下虚拟现实影像审美嬗变研究[J].电影评介,2020(1):101-103.
[⑤] 孟凡生.虚拟现实技术与审美经验的变革[J].文化研究,2017(2):239-250.

静到动、由单一向多感知、由观看到体验与沉浸等过程。不难看出，它们的变化都是相似的，存在着许多共通之处。这些艺术形式的普遍演变或许正意味着什么。一方面，虚拟现实技术的广泛应用自然会对社会生活的方方面面产生影响，包括这些艺术审美形式。但另一方面，这些艺术形式之所以能发生如此大程度且大范围的变化，必定是由于大众的需求。基于此，我们也就不难窥见其背后所体现的当代审美文化的转变。

此外，虚拟现实技术的应用背后所体现的"日常生活审美化"转向也不容忽视。王晓雨在其硕士论文中，以虚拟现实技术为考察中心，重点论述了虚拟现实技术审美转向与"日常生活审美化"转向之间的关系。[①]一方面王晓雨认为，VR技术的审美转向随着"日常生活审美化"的深化而演变；而另一方面，VR技术的审美转向也影响着"日常生活审美化"的当代转向与深化。

不言而喻，随着虚拟现实技术的应用实践，审美形式向互动、参与、沉浸、自主等转变是大势所趋。随着科技的发展与人们生活水平的提升，人们进入审美活动越来越简单，审美实践的范围也越来越广泛，但是普通的审美体验及审美刺激已经难以满足人们的审美需求，现代人更加追求多元、自主、沉浸式的审美。

通过以上梳理，可以看出，虚拟现实的美学研究仍旧处在起步期，未能形成一个系统而条理清晰的理论体系。总体而言，相关研究成果数量较少，且大量集中在虚拟现实相关应用形态的美学分析上，研究内容存在一定的轻重不均及同质化现象。与此同时，大多数研究仍显薄弱，研究不够深入，由虚拟现实技术本身出发的深入细致的研究还较少且比较零散，缺乏系统地整合。但是无论如何，每一篇文章都是难能可贵、不可或缺的。它们成功开拓了虚拟现实美学研究的领地，成功丰富了相关领域的研究，为虚拟现实美学研究的进一步发展奠定了基础。

虚拟现实技术作为一门高新科技，吸引着无数自然科学领域的专家们不断深入研究，攀登人类科技的顶峰，但是它不是独立在社会科学领域之外的。由其技术应用视角来看，虚拟现实技术无疑是未来社会的支柱技术，代表着

---

① 王晓雨."日常生活审美化"的当代转向：以VR技术为考察中心[D].西安：西安电子科技大学,2021.

人类发展的新高峰。元宇宙、全息时代、数字时代等的构建在很大程度上正依赖于这一门技术才得以成为可能。但是从人文社科的角度来看，虚拟现实技术从表现方式上来讲又有审美属性。因此，一方面虚拟现实技术本身即具有独特的美学潜力，等待着我们挖掘；而另一方面，虚拟现实技术的广泛实践应用对中国美学的其他分支领域也有影响，为其他美学流派与分支的拓展提供了新的可能。

（三）虚拟现实技术与中国当代美学

通过上述对虚拟现实技术相关美学研究的梳理，我们大致可以窥见虚拟现实技术背后美学情境的变化，这实际上也体现着新时代中国美学的新转向。虚拟现实技术美学研究的演进不仅深刻影响着中国的美学体系，实际上也是对中国美学的一次成功拓展。

按照一般的说法，中国美学应当被划分为两大范畴：传统美学和现代美学。中国美学体系是在借鉴、学习西方的基础上一步步建立发展的。作为学科体系的中国美学实际上历史并不算长，虽然从古到今，不乏审美实践和审美思考，古代中国也有丰富的审美思想，但它多是散乱的、不成体系的、经验式的和感悟式的，只是文学创作及哲理思想的附属产物，是没有形成独立学科形态的美学理论体系。中国美学作为一门真正独立的学科，其初步确立是随着大学学科分立制度形成开始的。此后，随着国外美学思想不断被吸收引介，以及国内数次美学热潮的兴起，中国美学在动荡中逐步完善，渐而形成一种多元化的格局，各种类型和各方面的美学研究也逐渐全面展开。但总体而言，中国美学仍未完全定型，依旧处在不断发展变化的历史进程中，仍将不断受到内外部各种因素的冲击。

随着世界范围内数字文化潮流的来袭，随着新兴的虚拟现实技术在中国的普及与发展，这一高新科技在改变经济社会生活的同时，也在深刻影响我们文化、审美，影响我们的感官系统与感觉方式。[1] 而新的审美形式要求、呼

---

[1] 刘小新. 改革开放四十年文艺美学的回顾与前瞻[J]. 福建论坛（人文社会科学版），2019 (5):109–116.

唤着新的美学理论的出现。也就是说,虚拟现实技术正在逐步影响着我们当前的美学形态,由此也必然会对中国的美学体系造成一定的影响。

事实上,对虚拟现实的美学研究是必不可少的。虚拟现实技术的美学研究,一方面是数字化时代潮流影响下中国当代美学的必然要求,另一方面也是对中国当代美学的一次创新性拓展。

也许有人会问,虚拟现实技术的美学研究何以能拓展当代中国美学体系?这主要可以从两方面来分析。

首先,我们通过对虚拟现实技术自身进行美学分析,能够充分拓展中国美学,丰富其资源库。当前中国的美学体系是开放的,格局是多元的,不同学者不同美学流派之间认定的中国美学体系并不一致。并且,科技美学与数字美学两个美学流派诞生的时间晚,研究队伍比之其他美学分支更为薄弱。因此,二者作为较为新潮的美学分支,其在学界的接受度与关注度都不算高,研究成果也因此相对较为薄弱。作为虚拟美学的重要研究对象,虚拟现实技术本身的发展历史并不算长,本就属于数字美学与科技美学研究空白相对较多的领域。因此,从美学角度探究虚拟现实技术,能有效填补这些美学分支的研究空白,在另一层意义上也是为当代中国美学的发展添砖加瓦。

其次,虚拟现实技术与其他艺术形态或学科门类等相结合,在创造出新的表现形态的同时,也能够对与之相关的美学分支产生影响,使之延伸出新的美学特征。例如,VR技术应用于电影、游戏等,会对电影美学、游戏美学造成冲击,使其美学形态、审美特征等为之一新,会大大丰富它们的研究内容。而另一方面,虚拟现实技术与电影游戏等的结合使得二者的内容开放性越来越强,这就使得我们开始关注起如何叙事的问题。由此,虚拟现实技术又开始与叙事美学联系到一起,可以促成"虚拟现实叙事美学"的出现。

简单而言,虚拟现实技术本身即是虚拟美学、科技美学等美学分支的重要研究对象,自身独特的美学意蕴在等待学者挖掘。除此之外,虚拟现实技术应用于具体的艺术门类或与其他学科碰撞交叉时,能够充分发挥自己的美学特性,并深刻影响与对象相关的美学分支,从而在另一种程度上丰富其美学研究内容。通过这两种方式,虚拟现实技术的相关美学研究得以逐步汇入当代中国的美学体系,一方面壮大了虚拟美学与技术美学的研究领域,另一方面也延伸了其他美学分支的研究内容,并不断促使其革新。

事实上,虚拟现实技术的广泛应用除了在理论上丰富了中国美学的内容,促进了中国美学的当代发展,在实践层面上也极大扩展了我们的审美实践范围,使人们的审美实践朝着更广泛、更多元、更沉浸的方向发展。上述关于虚拟现实技术相关应用的文献在某种程度上也能从侧面证实这一点:现实生活中,依赖于虚拟现实技术的审美实践越发常见,VR电影、VR纪录片、VR绘本、VR游戏、VR景点等与日俱增,人们足不出户便可完成一次酣畅淋漓的审美体验,这种便捷、多元的审美实践正悄无声息地进入我们的生活。

毫无疑问,这些依赖VR技术的审美实践对受众而言是一种前所未有的刺激体验。举例来说,带上特定的VR设备,你既可以观看诸如《*ABE VR*》的恐怖片,切身体会惊悚场景;也可以独自一人体会虚拟世界打羽毛球的乐趣;抑或是化身为纪录片中的主人公,仿佛身临其境感受历史事件或自然万物;更可以只凭借VR设备,在家中游历国内外众多名胜古迹……此类依托虚拟现实技术的审美实践是十分新奇的,也是以往传统的审美实践形式难以比拟的。时间向前拉十几年,恐怕没有人能设想到会有这样一种审美形式。虚拟审美、沉浸体验不仅会带给人们身临其境的沉浸感,而且审美体验更加多元、新奇、有趣。

此外,虚拟现实技术的应用还扩展了我们日常审美实践的范围,人们可以随时随地进行审美活动,不受时间空间的限制,获得身体与心理的双重欢愉。借助虚拟现实设备,人们足不出户便可以置身于形形色色的逼真的审美场景中,获得沉浸式审美体验。并且,由于虚拟现实技术既可以再现现实也可以再造现实的特性,就连现实生活中不可能存在的虚幻之物也可以被视作审美对象,极大地扩展我们的审美视野。这种审美实践也是以往传统的审美方式难以企及的。

一方面,虚拟现实技术深刻影响着中国当代美学,吸引着学者们对此进行深入探究,不断产出诸多研究成果,助力我国当代美学体系建设。另一方面,这些虚拟现实技术的美学研究成果也在指导着我们日常生活中的相关审美实践。在充分了解了虚拟现实技术背后的美学本质及美学特征后,人们能借此不断调整并完善虚拟现实的种种审美策略,使审美实践更加迎合自己的审美趣味。并且这些不断调整优化后的审美实践，又能反过来为虚拟现实技术的美学理论研究提供现实基础。

（四）虚拟现实技术与中国美学的反思与前瞻

1. 虚拟现实技术美学研究的空白与不足

就时间而言，我国的虚拟现实技术与国外发展相比本就起步晚，相关美学研究虽然在逐步开展，但是受限于技术本身的发展进度，也因此较显滞后，空白与不足仍较为明显。随着数字化潮流汹涌而来，我国的虚拟现实技术发展有后来居上的态势，但是与之相关的美学理论意识仍处在萌芽阶段，历史沉积不足，缺少时间的洗礼，还未形成一个相对成熟、清晰的理论体系，学术活力不足，并且缺少整合规范的梳理工作，虚拟现实技术美学研究还显杂乱无章，缺乏体系。

不仅如此，不论是作为数字美学还是作为虚拟美学较新的一条研究分支，虚拟现实技术的美学研究对中国当前的美学体系来说都还过于"新"，较难受到学界关注。且与传统美学研究范畴相比更加偏向科技化，还有待于逐步成熟完善。

在缺乏引导的情况下，目前学界关于虚拟现实技术的美学研究总体来看仍然偏向碎片化，大部分论文都只是选择某一个视角或虚拟现实技术某一种应用来探讨，且较难深入。从纵向对虚拟现实技术本身进行宏观研究的学者较少，研究队伍相对单薄。这一方面是因为美学与科学技术的学科跨越难度较大，对研究者的学术素养以及跨学科知识储备有着很高要求，另一方面也是因为纯理论研究本身存在困难，大部分学者更偏爱从具体实践出发进行研究。

而且，部分研究成果具有同质化弊病，例如，众多研究者都将研究焦点放在虚拟现实技术及其应用的美学形态、审美特征、审美转向等方面，研究对象相近，研究方法与结论也多有重叠，导致研究成果分布不平衡。常常是同样的核心观点翻来覆去地产出，仍旧有大片的研究空白等待挖掘。有些研究文章看似有不少创新观点，但有时只是用了自己的一些新的学术词汇，看似新奇，很多情况下也许只是围绕已知的特征不断更换角度或表达方式进行阐述。并且，有时候如果用词过于小众，对虚拟现实技术美学这一本就冷门的领域来说，可能会曲高和寡，难以产生反响。

此外，现有的虚拟现实技术美学研究在很大程度上将虚拟现实技术当作一个既定的、已完成的技术形态展开研究，并没有深入了解其最近的新发展，部分研究虽然时间差异大，但核心论点大同小异。部分学者在进行美学探讨时只是单纯地使用以往的 VR 理论观念，将虚拟现实当作封闭的科技体系来研究，没有"与时俱进"。实际上，虚拟现实技术在不断更新，还有无限的可能，但是很多研究者都没有及时跟进，未能真正以一种对话交流、学科沟通的视角来研究。

例如，虚拟现实技术在生成式 AI 技术的辅助下，已经可以根据用户的实时交互，即时生成大量的场景、角色和物品，使得虚拟世界更加丰富多彩。又如，最近我国虚拟现实技术已经在嗅觉刺激上取得重大突破，香港城市大学一支生物医学和机械工程师团队，与北京航空航天大学和山东大学的科技人员合作，已然开发出了两种能够在 VR 中激发嗅觉刺激的系统。而这些更新的技术数据还没有被研究者重视，更没有纳入自己的研究视野中。这固然有其一部分的客观原因，举例来说，虽然如今虚拟现实技术应用得相对更广了，但是实际上普通人在日常生活中能深入接触到的虚拟现实设备还不算普遍。连最普通的 VR 眼镜定价也不便宜，会购买使用的人实际也不多。其他更加高级的 VR 设备则更不用说，想要沉浸式体验还需要去线下专门体验馆等。这在一定程度上对虚拟审美及其研究产生了消极阻碍作用，能深入体验研究的人少，有兴趣了解和接触美学研究的人自然也不多。如此一来，研究必然滞后。

虚拟现实技术本身在不断演变，当前的美学研究也应当随之更新，以一种开放的姿态不断前行。数字时代是快速而多变的，技术美学等相关范畴受到数字技术的影响，必定也将一步步更新。它与中国传统美学体系中较为封闭、固定的研究对象不同，作为虚拟现实技术美学研究对象的数字技术本身时时在更新变动；这种多变性与更新性也使得一部分研究者们有所顾虑，对将其纳入自己的研究项目还存在着观望的心态。

简而言之，宏观来看，虚拟现实技术的美学研究存在的问题与不足仍旧较多：一是未成体系，二是成果不丰，三是研究队伍还比较薄弱。它还需要学界众多学者积极作为，不断努力，构建成熟的理论框架。

2. 未来发展趋势及美学策略

毋庸置疑，未来的时代将会是虚拟现实技术的时代。当前虚拟现实技术作为前沿科技，已然得到了社会各界的高度重视。国外关于虚拟现实技术的投资建设更是庞大，中国的虚拟现实技术虽然发展晚，但是后来居上，在全球占有重要地位。2022年，我国工业和信息化部、教育部、文化和旅游部、国家广播电视总局、国家体育总局五个部门联合发布了《虚拟现实与行业应用融合发展行动计划（2022—2026年）》，充分体现了国家对虚拟现实产业发展的高度重视。虚拟现实技术的发展与推进已是大势所趋。

中国的虚拟现实技术美学研究也应当跟上虚拟现实技术发展的步伐，并结合我国具体国情与优秀的文化积淀，努力建构出独特的、中国本土化的虚拟现实美学体系。我们一方面要把握中国虚拟现实技术的创新机遇，积极关注国内虚拟现实技术的发展动态，另一方面也要依托本土的技术创新，促进本土虚拟现实美学的更新与前进，只有这样我们在世界的虚拟现实技术美学研究中才能占有一席之地。

虚拟现实这一技术的发展势不可当，其美学研究有着重要意义。首先，对虚拟现实技术的美学研究有助于我们更好地把握其技术本质，发掘其人文精神，并以此指导虚拟现实技术更好地为当代人的精神文明服务。其次，通过虚拟现实的美学审视，我们得以突破传统审美形态的束缚，促进当代审美发生新转向。虚拟现实技术不同于以往的传统艺术或科技，其最大特点便是对虚拟世界的构建，它不断模糊虚拟空间与真实空间的界限，使得真实与虚拟不再完全对立。这对人类的审美感知来说是具有跨时代意义的。后续的"元宇宙"跨时代设想的建构更是不可缺少虚拟现实这一核心技术。

但正如我们所知，虚拟现实技术的迅猛发展在造福人们生活的同时，也会对人的精神及伦理取向产生消极影响。虚拟世界与现实世界在虚拟现实技术的推广下界限愈加模糊，而这种两个世界的交错融合使何为虚何为实的问题变得日益突出，不断地拷问着现代人的心灵。而模糊了现实与虚拟的界限后，人们又是否会沉溺于虚假缥缈的刺激与感官快感中？现代人的审美感知是否会逐渐麻木？审美阈值又是否会不断提升？在可以任意放纵自己的虚拟空间中，人类的道德底线又是否会逐渐下跌？——随着时间的流逝，这些问题越来越成为我们关注的焦点。而到目前为止，人类还未能找到答案……

以美学视角透视虚拟现实技术，其实重点正是要思考它如何真正发挥自己的作用，如何在满足人们的物质生活需要的同时，也满足人们的心灵生活需要，为人类建立起真正意义上的精神家园。在数字技术如 VR 等研发的过程中，在其运用于社会生活的过程中，人们常常只关注技术自身的发展或是娱乐经济的需要，为了经济增长或所谓的享乐，只一味追求金钱或快感而忽略了与人心灵健康的协调。人与人、人与社会等的交际长此以往只会走向淡漠。这对社会、民族、国家而言，无疑存在着很大的弊端，甚至有可能造成人心灵的异化。我们越沉溺于虚拟的现实世界，现实世界就越发像虚拟一般。

在数字时代，我们必须要始终坚守人文本位，努力平衡科技与美学的关系，始终坚守对真善美精神内核的追求。从美学视角审视包括虚拟现实技术在内的数字科技，其实就是在为我们的社会打下心灵的安全补丁。对虚拟现实进行人文美学的研析，避免我们在发展科技的道路上忽视心理健康，使我们得以努力平衡科技与人文的关系，不至于因小失大。

未来的虚拟现实技术美学研究，必将随着研究队伍的不断壮大，随着虚拟现实技术的不断发展更新以及社会文化的不断演变，必将越发成为人文领域的重要生长点。其美学研究也必将不断显现出实时性、广泛性、深刻性、跨学科性等特征。随着虚拟现实技术的不断逐新及社会应用范围的不断扩大，其美学研究的具体内容也必然会不断变化，要紧跟技术实时演进，研究涵盖的范围也必然会不断扩张，且越来越要求不同学科间的交流沟通。这一研究趋势的变化不仅体现在虚拟现实技术美学中，更广泛地体现在众多的数字审美研究中。我们要始终抱有开放的心态，做开放的研究而不是封闭的研究，努力推进虚拟现实技术美学研究的发展。

科技发展带来的不仅仅是物质生活的改变，同样也带来了美学思想领域的改变。虚拟现实技术作为近年来的新兴技术，不仅是自然科学领域的一大突破，同时也以其自身的特性影响着中国近年来的美学建设。回顾虚拟现实在中国发展的几十年，不仅是这一技术步步蜕变的几十年，也是其不断融入中国当代美学、丰富拓展各美学分支的几十年。虚拟现实技术带来了技术变革，同样也带来了美学形态的变革。

　　虚拟现实技术本身含有的沉浸、交互、想象、多感知等技术特性，本就契合美学视域的研究焦点。随着其在社会上的应用，其技术特性带来的艺术形态变革同样也带来了其美学形态、审美体验的变革与演进，并由此辐射影响了众多美学分支的发展。对中国的美学体系而言，虚拟现实技术的应用与发展毫无疑问为其注入了时代与科技的新活力，也丰富了新时代中国美学体系的内涵。

　　虽然其美学研究成果并不丰硕，仍存在着一定的局限性与困难，但无可争议的是，虚拟现实技术推动了中国美学的新发展。它不仅是自然科学发展的必然趋势，也是中国美学在时代浪潮中做出适应与转变的必然结果。对虚拟现实技术进行美学角度的探究，对中国美学体系的建设有着深远的意义，值得更多的学者投身研究，不断推进虚拟现实技术美学研究。

第三章

元宇宙与数字化时代的审美新变

"虽然场景主义有许多问题,但它确实提供了一种观察社会角色和行为规则的有用且有趣的方法。"[①]

——约书亚·梅罗维茨《消失的地域:电子媒介对社会行为的影响》

一、鸿沟与奇点:回溯—重构的元宇宙

数字时代,"超越现实/虚拟世界的'元宇宙'(Metaverse)趋近一种现实情境"[②],元宇宙既凭借数字科技创造了一个物性实存的算法时空,又回溯性地重构了一个经由人的视听等全部感官想象而成的虚拟—现实奇观世界。该创造基于对算法社会"荒谬合理"影响下的数字文化语境的更迭与重塑,是在新旧断裂的鸿沟中所衍生的技术支撑的神话体系。回溯性重构是元宇宙时空建构所遵循的逻辑,是一种基于当前媒介物质技术基础发展起来的反身回溯与建构。

(一)算法社会"荒谬合理"的症候与鸿沟

数字建构的元宇宙与算法密不可分。作为一种技术工具,算法"长期以

[①] 梅罗维茨.消失的地域:电子媒介对社会行为的影响[M].肖志军,译.北京:清华大学出版社,2002:30.
[②] 李冰雁.从"赛博格身体"到"元宇宙":科幻电影的后人类视角[J].广州大学学报(社会科学版),2022,21(3):119-127.

来在不同领域辅助人类通过数字进行决策"[1]。但随着大数据的应用实践与拓展，算法渗透至社会诸多领域，甚至部分自动化算法已然超出人类理解的范围，它能不断自我优化。伴随元宇宙文化的推进和兴盛，算法已不仅是"特定的技术"，它更是社会生活运行的庞大系统中的重要因素。具体而言，算法社会确立了算法正义文化逻辑。究其来源，9世纪左右，波斯数学家花剌子密（拉丁语名字即为Algorism）提出算法范畴，描绘出一个输入端和输出端之间的可控变量关系，厘定了算法在某个可变区间内的预测性。而随着人工智能的推进，其算法种类也趋于多元，如线性回归、逻辑回归、决策树、朴素贝叶斯、支持向量机、K—最近邻算法（KNN）、K—均值、降维、人工神经网络（ANN）等，进一步呈现出算法的数字图像特性。主体沉浸于数字技术产品——元宇宙的时间越久，越证明这一复制品具备一种可以测量的价值，映现着计算法则的成功。但这种成功的基础是理性，即算法理念潜移默化地与欧洲的理性主义传统相连，自笛卡尔以来的理性仍然延续在数字技术所构型的元宇宙世界中。这意味着，算法虽是一种理想状态的模型，也是哲学意义上的理想设定，但在实际作用中却悖谬式地显示了自己的存在，要求现实按照厘定的假想方式运转。这必然导致理性冲击元宇宙社会现实的"疯狂理性"，随之引发"荒谬合理现象"。

"合理的荒谬"呈现出数字鸿沟的困境。广义上，"数字鸿沟（digital divide）指给定社会中不同社会群体对互联网在可及（haves or not haves）和使用（use or not use）上的差异"[2]。复杂社会必须借助各种各样的算法，才能实现其内在的组织化职能，个体生活中则以不可预见、往往被忽视的方式出现。狭义来看，算法社会可以对剩余快感精妙规划，它"置身于人们的生活体验之外，却承担了欲望客体的执行者功能；人们的经验（快感）必须借助于算法才能按部就班地得以实现"[3]。化用麦克卢汉的说法，"算法也是人体的延

---

[1] 梁玉成,张咏雪.算法治理、数据鸿沟与数据基础设施建设[J].西安交通大学学报（社会科学版）,2022,42(2):94-102.

[2] BONFADELLI, HEINZ. The Internet and Knowledge Gaps:A Theoretical and Empirical Investigation [J]. European Journal of Communication, 2002, 17 (1): 65-84.

[3] 周志强.算法社会的文化逻辑:算法正义、"荒谬合理"与抽象性压抑[J].探索与争鸣,2021(3):9-12.

伸",但这种延伸以人的理性想象为型构基础,以算法个性化推荐的方式通过数字媒介向用户渗透各类想象与意识。智媒时代的算法使人与媒介的关系更为紧密,算法以其自身的不可见逻辑,行之于各类电子设备、媒介终端,形成一种算法社会的无形压抑。这方面的典型例子比比皆是,2020年9月,《人物》杂志《外卖骑手,困在系统里》一文迅速引燃舆论,那些被困在算法里不得不加快速度而免于被投诉的送餐人员,以一种被异化的个体形象出现在舆论视野。与此相类的大量算法异化现象才引起广泛关注。数字建构的文化区隔是冰冷的数字鸿沟,算法不仅建构了网络虚拟空间的分层,更对应到现实生活中的区隔,并深刻改变了不同社会人群的生活方式与生存模式。

于是,算法所致的鸿沟形诸新的话语秩序。算法呈现为元宇宙社会的典型症候,更凸显了元宇宙相关技术本质的重要维度———一种基于数据的算法。基于理性逻辑建构的算法体系形成一种新的网络化(Networking)、去中心化(Decentered)的组织和干预形式,折射出数字社会的网络化支配逻辑。鉴于用户个体在社会经济特征、能力、动机和认知等方面的差异,算法为用户呈现出迥异的信息集群画像,"去中心化"更为明显。典型的例子是人工智能系列产品,它们是基于现有技术以及相对应的算法体系而发展起来的。在元宇宙时代,信息资讯与机器算法实现深度融合共生,算法推荐被广泛地运用到新闻媒体、社交平台等,以内容变量、用户变量以及环境变量等因素构建全新的算法函数体系,影响人们在移动设备上的数据可见性(Visibility)与参与度,由此为不同个体呈现出个性化的社会景象。数字媒介的运行逻辑依然是数字、代码等一系列理性秩序,这些看似由理性建构而成的独立世界,在具有认知潜力的主动交互技术的影响下,会导向何种情况仍不明朗。正是社会变迁网络的去中心化的微妙特征,致使元宇宙文化语境下日新月异的认同规划难以辨清。在现代化的、形式多样的权力型构的网络符码场域中,大量悖谬的算法逻辑却不断以看似合理的包装呈现于大众视野中。

作为未置可否的历史纵深,元宇宙是文化症候与审美鸿沟的另类表征。其所重构的日常生活"是由过去和将来的同时性造成的一个持续不断的进步"[1],

---

[1] 伽达默尔.美的现实性:作为游戏、象征、节日的艺术[M].张志扬,等译.北京:生活·读书·新知三联书店出版社,1991:13.

今天和过去的统一并非仅只是关涉到我们审美的自我领会的问题，而是一个经由现时此刻的临界状态，回溯整体性事件的无数集合。元宇宙中虚拟现实所呈现的光影结构致使现实生活中的诸多事物，经由人类想象而得以全新建构或反身重构。"以信息技术为中心的技术革命，正在加速重构社会的物质基础"[1]，随着文化的叙述结构发生转向，一种全新的数字审美结构基于回溯点重新形成。一切即理性的算法话语逻辑导向一种总体闭环。如何应对这一困境，则是算法社会中主体构造的关键性命题。

（二）元宇宙景观与技术奇点

算法发展中遭遇的困境正是元宇宙逐渐兴盛与技术奇点对人的深刻影响。以此视角重返当前的文化现场可见，一个元宇宙景观社会正在形成。德波在《景观社会》开篇即言："在现代生产条件无所不在的社会里，生活本身展现为景观的庞大堆聚。"[2]他视景观为一种由感性的可观看性建构起来的幻象。与之相类，元宇宙时空中的奇幻场景，同样也具有此类景观审美意义上的感性特质。新媒介技术"导致图像泛滥或拟态环境使得观众放弃理性思辨，将审美回归感性，理性的思辨与结构的阐释被视觉奇观取代"[3]，因而呈现一种奇观式的在场观看场景。或可说，元宇宙景观具有列斐伏尔的空间三重属性：元宇宙空间不仅是物质的存在，也是形式的存在，是社会关系的容器。在《空间的生产》中，亨利·列斐伏尔（Henri Lefebvre）提出空间实践（Espace percu）、空间的再现（Espace concu）、再现的空间（Escape vécu），分别对空间性的生产、被概念化的空间以及一切领域都能找到的"第三世界"，肯定了所涉足的空间场域中人的重要性。

其一，空间性的生产。现实社会物质基础的生产是空间最主要的生产，元宇宙的大量基础也因此得以建构。微信、微博、抖音等各类社交平台视频图像的海量生产与直接呈现，基于VR、AR、MR、AI等技术媒体的沉浸式游戏规制所重构的亦虚亦实的特定现实物质技术之上的场景，这种元宇宙景观

---

[1] 卡斯特.网络社会的崛起[M].夏铸九，王志弘，等译.北京：社会科学文献出版社，2001:1.
[2] 德波.景观社会[M].王昭风，译.南京：南京大学出版社，2006:3.
[3] 孙为.新媒体时代美学的数字化重构研究[J].中州学刊，2014(12):167–171.

与拉康式的"镜像"有异曲同工之妙。拉康将主体的自我建构与他者的凝视相联系的论点,为元宇宙这种既需要主体参与,又需主体反身观看的时空装置提供了参照坐标:元宇宙不仅是主体对物或者他者的"想象性观看",同时也是作为欲望对象的他者对主体的注视,是主体在看与"异形"之他者的注视的相互作用和指认。就该角度而言,元宇宙不仅是一种充满权力话语的秩序和统治力量的空间,也是看与被看的辩证交织,是既为主体又为他者的视线对主体意旨的捕捉。数字、算法及媒介等一系列因素共同建构的元宇宙时空,致使传统的视觉中心主义所建构的媒介社会就在这种亦虚亦实视线的编织中不得不改头换面。

其二,被概念化的空间。这是一个基于现实的模仿与超越建构的空间。"景观的在场是对社会本真存在的遮蔽"[1]。基于网络而建构起来的数字审美从一开始就体现着人类改造与控制自然的权力意志,并反过来影响人类社会与自身形态。因而数字技术的元宇宙进程中无可辩驳地面临着人文主义的审视,即首先确证人作为主体的价值与先在性意义。这不仅是因为全球性的数据化加快了互联网的延伸触角,更由于这种伸展并非仅只是技术创新或工具创新,而是承载着人本主义的价值与宗旨,但数字化与全球化结伴而来,却没有改善人类现存的社会结构,反而"加深了当代社会的阶级分化"[2],尼葛洛庞帝的"数字化生存"显然并非全然自足的生存状态。近年来媒介融合进程的加快进一步凸显了技术发展的作用,大量未来主义科幻影视作品在想象描摹未来社会的空间文化。从媒体考古学的视角来看,"技术媒体的异质性和关联性,以及技术媒体与社会结构的内在联系,媒体传递信息的技术逻辑得以更加清晰"[3]。而科幻电影作为最早表征元宇宙媒介特性的技术媒介,更为直观、切近地呈示了元宇宙的诸多鲜明特征,最大程度地调动了人的感性知觉,进而生产出一个充斥技术元素的独特空间。

其三,"第三世界"。在这个涵盖物质生产、精神创造与所有生产关系的时空场域中,技术主义的功能被极大凸显。与元宇宙相关的区块链、人工智

---

[1] 德波. 景观社会[M]. 王昭凤, 译. 南京: 南京大学出版社, 2006:3.
[2] 赵文书. 面向未来的数字美学:《数字美学》评介[J]. 中国图书评论, 2007 (1):124–125.
[3] 郑达威, 杨可可, 施宇. 基于科幻电影的元宇宙媒体考古研究[J]. 当代传播, 2022 (5):40–45.

能、物联网等，都在全方位建构元宇宙景观。且元宇宙空间中的一切要素生产都倾向于消解意义，拒斥宏大叙事的文化生产。当前最火爆的视觉文化现象无疑是短视频，但短视频中的剪辑、重构等又是虚拟与现实的多重合力，尤其是VR的运用，当沉浸式体验与功能被应用，一个涵盖一切要素的虚拟与现实融汇的"第三世界"已然诞生。这导致了"审美虚无主义"（aesthetic-nihilism，又称诗性虚无主义），其特征是"从绝对的虚无出发，创造一种自治性的自由存在，最终却不可避免地堕入无意义的深渊"①，数字审美的虚无主义同样导致主体性被忽视，个体生命存在的意义随之被消解，一切都成了媒介事件，它随时复归微观，面临着被瓦解的命运。1994年以来，机械复制艺术随着数字技术的发展逐渐迎来第二次转向，即任何类型的数据都可以被复制。"文化生产的主体日益多元，审美的价值取向也越来越倾向于去价值化的喜剧类型"②，全球数字革命的巨大历时性推力所助推的"第三世界"场域建构，已然内在地形成一种感官逻辑，全面调动整个社会场域中的所有元素，进而形成生产关系的新法则。

回溯元宇宙发展历程，其生产过程历经复杂的技术语境嬗变，遵循的是空间实践到空间再现再到"第三世界"的技术演进历程。结合技术奇点的观点来看，技术发展速度的加快，最终会在未来发生一件不可避免的事件：技术发展将会在很短的时间内发生极大的接近于无限的进步。自1945年波兰数学家乌拉姆（Stanislaw Marein Ulam）提出"技术奇点"（Technological singularity）以来，此概念所指代的技术外延与内涵不断丰富。奇点（Singularity）指尚未到来的假设时间点，在该时间点上，技术增长速率变得不可控、不可逆，进而导致人类文明朝向难以预料的方向发展。技术奇点涵盖两个特质：偶然性与转捩性。就偶然性来看，技术奇点有其悖反性，正如马丁·福特（Martin Ford）在《隧道中的灯光：自动化、加速技术和未来经济》（*The Lights in the Tunnel: Automation, Accelerating Technology and the Economy of the*

---

① 张红军.论审美虚无主义[J].哲学研究,2018(12):110-116.
② 赵雪,韩升.数字时代大众文化的审美隐忧与解决路径[J].理论探索,2021(6):25-31.

Future）所述：经济体中大多数日常工作的自动化出现在奇点之前，但大规模自动化则会增加失业风险以及降低消费需求，进一步减少对技术奇点的投资与关注。对应至以元宇宙为代表的虚拟—现实世界中，人的全面自由解放以无数的元宇宙独立时空的建构为前提，但大规模不同元宇宙时空的泛滥则会引起权力控制与话语霸权，进一步遏制对元宇宙技术奇点的建构与开发。而转捩性，指的是技术奇点会在其发生转变的那一刻回溯性地重构整个技术奇点的叙述话语。正如美国哲学家瑞·库茨维尔（Ray Kurzweil）所预测的，基因艺术（G）、纳米技术（N）、机器人技术（R）在21世纪前50年将会相互渗透，并导致奇点时代的来临，而这一系列转向带来的后果则是整个人类文明轨迹的突变与重构，变化可能突然发生，技术的历史或许在瞬间就要重新建构，这种现象无疑极大弱化了元宇宙图像本身的人文价值和美学追求。[①] 人在元宇宙图景中，寻绎的是技术的权力与话语，尤其是在20世纪西方的"非理性主义转向""语言论转向"提出之际，技术深刻改变了人的时空存在和社会交往，下一次转向极有可能孕育于奇点技术中。

　　指出这一点是想说明，技术与人类文明的发展既具有一种同步性，又具有一种异质同构性。这种重大变化与革新的背后是技术独特性所形成的元宇宙结构、视觉人文符号结构、图像引导所召唤的大众心理结构变迁，是人们"生活在物的时代，看到物的生产、完善与消亡的是人类自己"[②]，但与物相关的，正是作为容器和环境存在的媒介——它是容纳新的可能性的介质，是锚定人的当前生活状态的重要载体。它参与网络外部的信息传递，也传输人本身内部的大量数据与信息，进而黏结个体与世界交互的中介，凸显人的媒介属性。于是，在数字化媒介场域中，人也成为媒介发生作用的参与者和传播链条，个体的心理诉求、兴趣等变量不仅影响着传播的结果，更会对数据传播过程中的互动与交流产生影响。万物皆媒的时代，"媒介机器不光是媒介的物质外

---

① 柴冬冬,金元浦.数字时代的视觉狂欢：论短视频消费的审美逻辑及其困境[J].文艺争鸣,2020(8):79-86.

② 让·波德里亚.消费社会[M].刘成富,全志钢,译.南京：南京大学出版社,2000:2.

壳，更演化为我们所有生存领域的环境"[①]，数字技术改头换面，被资本与权力裹挟，因而数字逻辑无处不在且成为日常实践的重要组成部分——数字技术、现实空间以及数字媒介多种元素深度黏合。或者说，经消费主义裹挟的数字时代生存方式，是一种"媒介化的生存"，这种生存方式意味着"人与媒介的区分渐渐地消失了，长久以来外化于人类的媒介正在不断地嵌入人自身，人类将成为最终的媒介"[②]，典型的症候是，媒介实践与日常生活的区隔正在逐渐消失，数字媒体信息传播的渠道被商业利益、消费主义驱使，日常生活中的诸多媒介实践，比如，电影、电视、广播甚至电子书等电子媒介，都还与现实生活存在一个明晰的界限，但经由数据的渗透之后，它们连为一体，开始为消费主义发声，逐渐成为数字网络社会的一个重要环节。不仅如此，数字化媒介更渐趋成为社会生活中的基础性生存架构，拓展生存形态，媒介深度嵌入主体，甚至成为人的一部分，如机器人管家、先进数字医疗器械的人体嫁接等。

"人将被抹去，如同大海边沙地上的一张脸。"[③]福柯"人已死"的解构式预言，或许正好契合人类步入元宇宙纪元的时刻，又或许永不成真。元宇宙并非哲学意义上的乌托邦，也非文学意义上的桃花源，它是千百年来人类借媒介建构的口语、印刷生活方式的颠覆与改写，由此呈现出一个与现实世界平行的"数字魅影"。人文主义话语的解构、传统知识序列的重组以及数字媒介技术权力的变革，人何以存在成为当前面临的现实议题。多领域的元宇宙追捧与实践，并非要全盘否定或敌视。我们应跳出元宇宙本身，立身于整个人类文明发展史，辨析出身体与精神二元对立的结构范式，进而促使其朝可控的方向发展。元宇宙作为万物皆媒的代表，不仅是法兰克福学派意义上的批判的"文化工业"，而且是潜藏了一种新的生机。由此，价值理性与技术理性的平衡成为思考元宇宙前景的关键视点所在。历史是现实的基础，现实是未来的前提，基于元宇宙的审美悖论及生机，我们该如何对元宇宙与人文区隔进行有效"祛魅"，促动数字审美的技术逻辑正轨前行呢？

---

① 水越伸.数字媒介社会[M].冉华,于小川,译.武汉:武汉大学出版社,2009:27.
② 孙玮.媒介化生存:文明转型与新型人类的诞生[J].探索与争鸣,2020(6):15–17,157.
③ 福柯.词与物:人文科学考古学[M].莫伟民,译.上海:上海三联书店,2001:506.

二、从元宇宙看数字审美悖论

数字审美既与数字技术浪潮席卷下的元宇宙神话悖论相连,同时也伴随元宇宙奇观与技术奇点矛盾而变化。为使该议题的意旨更为明晰,区分两点是有益的。其一,数字技术的更新迭代促动媒介文化急遽转型,人们往往会注重技术形式而忽略其背后的审美现代性悖论。处于当前数字媒介风口的元宇宙,正是技术奇点的迷思与悖反的最好例证,于是各界纷纷以多维视角对其进行区分与扬弃,共同构绘出数字审美图景的浮影与迷雾。其二,数字文化语境自崛起时起,就不可避免地与景观、镜像相关,这固然与现实社会的生产和生产关系密不可分。但更为重要的是数字文化语境促成人类文艺、审美实践的全觉转向,促使人类步入尼葛洛庞帝所谓的"后信息时代",人的工作、生活、娱乐等活动在媒介历史变迁中不断更新。由此导致的媒介新变和审美转型成了当今极具影响力和彰显度的媒介文化事件——它影响的不仅是当今社会的文化生态,而且事关未来的媒介发展和审美走向。由此,对当前与元宇宙相关的数字审美异质性等文艺思潮保持一种清醒的学术审视眼光是必要且迫切的。

(一)元宇宙神话?

数字技术的飞速发展致使虚拟想象实践为人类宇宙时空重构了一个平行世界——元宇宙。在这个异质场域中,人类的想象边界得以最大程度地拓宽,虚拟现实的快捷切换已成为新的媒介文化语境与心理结构表征。在现实与虚拟的二元对立中,各类媒介形态、文艺生活发生巨大变革,并关涉元宇宙悖论、数字时代生存、算法鸿沟等议题。从上述视角切入,能更加切近数字审美语境的本质,领会新媒介文化语境浸润下的当代媒介文化形态,呈现数字文艺、审美研究的局限与悖谬之处。

首先是元宇宙兴起与数字技术动因的悖论。作为数字技术发展的典型，元宇宙的数字虚拟性使一个平行场域独立于现实世界而存在，它虽尚处于生长初期，伺服与贡拜的神坛却早已高筑。

元宇宙的勃兴以大量技术支撑为动因，如云计算、区块链、脑机接口、人工智能及神经工程等，同时以元宇宙为代表的人工智能也是当前社会生产及生产关系发展的表征之一。历经第三次信息革命浪潮的冲击，一种关于未来的学说——未来学渐成显学，而与未来学相关的元宇宙，不容置疑地成为重要议题，一时间，"万物皆可元宇宙"占据各学科前沿。"没有人说得清什么是元宇宙，但是所有人都想分一杯羹"，正概括出元宇宙当前受关注的态势。但是，若对这一概念进行词源的历史学回溯与考辨，难免会陷入一种多学科、多领域的"拿来主义"挪用的困境。由此，不妨基于元宇宙的现实世界热议源头，即游戏公司 Roblox 的上市这一元宇宙概念的引爆点，对资本—文化视域下的元宇宙概念进行审美维度的重审，廓清现象与理论结合处"元宇宙"的"真实"与"幻象"，重构数字审美视域下的"元宇宙神话"。

"元宇宙"（Metaverse）最早出自尼尔·斯蒂芬森（Neal Stephenson）的科幻小说《雪崩》，"Meta"虽有"超越"之意，但元宇宙"集成与融合现在与未来全部数字技术于一体，将实现现实世界和虚拟世界连接革命，进而成为超越现实世界的、更高维度的新型世界"[1]，向受众呈现一个平行于现实世界的独立时空。此概念经由脸书 CEO 扎克伯格的推波助澜，成为跨越物理和虚拟空间的"第三宇宙空间"的存在。它打着虚拟的旗号并借数字实体不停收割流量、获取企业关注、吸引资本追逐，加诸疫情时代背景下人类生活方式的数字转向，沉浸式虚拟场景的应用得到极大扩展（如沉浸式剧本杀、"云"系列文娱活动等），元宇宙生态因此得以不断重构。由元宇宙引发的系列组群、概念股以及数据产业建构，在消逝与建构实存中更新形态。且不论元宇宙概念本身所承载的媒介偏向与资本因素，以及元宇宙是不是数字技术对人的又一次肉身抽离，乃至它是否真切地想要推动人类文明向前等考量，元宇宙作为一种未知的历史纵深，它的兴起绝不是某一维度的单向决定。

---

[1] 喻国明，耿晓梦.元宇宙：媒介化社会的未来生态图景[J].新疆师范大学学报（哲学社会科学版），2022 (3):110–118,2.

更深层的动因是元宇宙崛起"根源于现代性危机"[①]。元宇宙爆火与资本助推难以泾渭分明地拆分与割裂,元宇宙爆火正是整个社会对人工智能、数字技术发展痴迷与追捧的结果,但这种崇拜可谓是媒介发展所营造的鲍德里亚(Baudrillard)式的"拟象"泡沫。虽然元宇宙能使个体想象得以放大和实现,有望成为人类进入未来社会的重要载体,但同时也是现实个体无法在现实世界实况理想的一种愿景延伸。在实现与延伸之间腾挪的个体,实质上忽略了其自身作为主体的自为与立场,留下的只是资本的神话在虚拟现实世界场域的一瞥。在元宇宙这个数字化场域中,充斥着科学与资本质素,它难以基于现有的媒介基础实现实体世界与虚拟网络的真正完美融合。这个看似平行的、可替代的甚至是永久的第二平行世界时空装置中,数据隐私更加难以保障,网络欺凌问题更是难以监管,如扎克伯格公司所推出的沉浸式游戏可致使游戏进行中个体的本能体验更加情绪化甚至极端化,而部分网络"云"平台更是乱象丛生,导致个人隐私泄露。虚拟新闻更是使得用户在元宇宙的时空中,难以明确辨别现实和虚拟的界限,这些无不加剧了元宇宙本身潜在的或已存在的危险。

危机还体现在,数字化技术和数字化媒介基础使得"人诗意地栖居"问题变得悬而未决。首先,元宇宙以数字为技术基石,但数字化实践的旨归是想要解决技术性程序和人性化编码之间一开始就存在的需要调和的矛盾。伴随各种数字化危机,技术与人的关系变得错综复杂,真实的美感消失殆尽,"赛博格空间"中缔造的"虚拟真实",它既非客体也非主体,它既是视觉可见的真实又是转瞬即逝的虚拟本身。再有,元宇宙概念所蕴含的超前性与当前技术水平仍不匹配,想象超前与现实媒介基础滞后的现实困境明显。这种困境折射出当前后疫情时代现实生存的难题,正如海德格尔所述,我们应该"回归到存在者那里,根据存在者之存在来思考存在者本身,而与此同时通过这种思考又使存在者憩息于自身"[②]。元宇宙似与那双梵·高的"农鞋"具有相同质性:元宇宙的用处和归属毫无透露,它也仅是一个广袤技术历史中,一

---

① 刘永谋.元宇宙的现代性忧思[J].阅江学刊,2022,14(1):53-58,172-173.
② 海德格尔.林中路[M].孙周兴,译.北京:商务印书馆,2018:17.

个不确定的空间而已。但这并非指元宇宙是无法被完全感知与掌握的一件器具，而是明示其通过栖居于元宇宙时空中的人类文明、具身感知，穿透历史而横亘在转瞬即逝的虚拟—现实时空中的集体无意识，凸显其宿命与媒介学史衍变历程的逻辑。但人对无法掌握与具身沉浸的历史纵深一直着迷。这种乐观与悲观的双重矛盾，折射出大众对于技术的漠视态度，即他们对技术并没有精深钻研的兴趣，但某项技术为其带来的极致体验感又促使其成为热情拥趸。人人都想体验元宇宙，但少有人警惕其背后的技术理性危机。

（二）元宇宙"进步的倒置"迷思

那么，在这种元宇宙文化的"具身性"转型中，数字技术究竟扮演着什么角色？

底层技术仍处于萌芽期的元宇宙与资本的助推相携前行，旨在改变人类的生存境遇，在某种程度上也取得了系列进步的成果。如从概念走向现时实践：千禧一代热衷于"迷你世界""英雄联盟""王者荣耀""原神"等游戏，他们持与现实世界迥异的身份穿梭在另一个平行时空，实现个体对理想世界与身份重构的异质想象；印刷时代的飞鸽传书、邮驿传信，再到新媒介时代的"想象交往""虚拟交往"，人类交往结构模式的纵深变化尤为明显，具体表现为现实空间和虚拟空间中的交往混合，社会交往主体、交往时空以及交往场景的"云"转向，如网上祭祀平台——思念堂，建构出一个"追思元宇宙"的场域，进而实现去世亲人与祭祀者的互动交流；虚拟社交平台"Horizon Worlds"借虚拟建构的"云家园"，达成相异时空中的同一场景社交等。除了游戏、社交的实践尝试，购物、二次元、旅游、求职、学习、逛展等领域也在不断促动元宇宙落地与实践。当人们惊叹于大量现实成就时，隐忧相伴而行。2022年11月，元宇宙母公司脸书平台公司进行了创立18年来的首次大裁员，[①] 与此同时，同类科技公司市值急遽缩水贬值，这些衰颓之势背后折射出在看似繁华的科技公司遍地开花的盛况下，技术的伪"通胀"已是现时面临的重要难题。技术快速迭代的背后，是元宇宙背后的新媒介审美逻辑，对现

---

① 元宇宙公司宣布：裁员超1.1万人，https://mp.weixin.qq.com/s/yfeWWgRi9kGMRr7JrePNRA。

<<< 第三章 元宇宙与数字化时代的审美新变

时生活的一种超脱与延伸,尽管这是一种危险的"逸出":人类看似孜孜以求全新的生活方式与社会秩序,但仅是借元宇宙的外壳完成人对媒介的又一次改写与包装。

进一步看,元宇宙的"进步"与"迷思"与具身感知及媒介文本的区隔密切相关。在这个深度媒介化的时代,数字媒介更大程度地实现了身体的技术延伸,精神出场与身体缺席现象尤为普遍,数字技术建构的全新人与人、人与世界的关系网络中,已然蕴含了人们日常生活中不可或缺的审美体验,以及元宇宙范式中的诸多转向。首先,是重复的现代感知经验。元宇宙的"迷思"之处在于它是一种"进步的倒置",即在这个亦幻亦真的数据时空之中,复制、震惊、奇观等现代性特征错综交织,终会导致人具身感知的混乱,人的主体性也随之被消解。正如"恰好是一个作品被复制出来的特殊方式与随之而来的作品的同一性之间的无差别性决定着艺术经验"[①]。伴随文化工业发展而来的是人的审美经验的变化与艺术的变革。现代性最典型的产品"媚俗艺术"(Kitsch)将"艺术既视为游戏,又视为炫耀",对瞬间快乐的崇拜,对审美超越性和永恒理想的否定,都将矛头直指资本主义本身。资本主义制度与商业利润的合谋,致使媚俗艺术的矛盾和隐蔽内涵凸显,[②]我们寻求的是一种共同性的经验,正如节日相聚的现时的共同性。但与庆祝节日不同,数字时代的共同经验建立于一种共通性之上,却又表现出各自的时间性。其次,是人—机二元对立的消解。数字技术带来物质生产极大丰富的同时,让人—机交互程度加深,甚至使数字机器成为人本身的一部分,传统的主客二分审美范式在这种赛博格范式意义上被瓦解粉碎,线性的时间意义也遭到瓦解。具体而言,口述时代的时空仅限于讲述者与听者的想象中,可借助的媒介有限,多是自然或是人类社会群体之中的经验或是物理时空事实。正如约翰·奥尼尔(John O'neil)所谓的"身体是社会的肉身"之说,元宇宙概念盛行之时,数字化媒介中的精神在场但难以回避身体缺席的概念悖论,在这机遇丛生却又矛盾不断的场域中,身体既处于精神飞地之外,同样也是期待精神表达不

[①] 伽达默尔.美的现实性:作为游戏、象征、节日的艺术[M].张志扬,等译.北京:生活·读书·新知三联书店出版社,1991:47.

[②] 卡林内斯库.现代性的五副面孔[M].顾爱彬,李瑞华,译.北京:商务印书馆,2002:13.

可忽视的领域,数字化美学需警惕诸多概念对其数字化内蕴的架空,又需警惕元宇宙概念中的虚拟—现实因子对肉身的控制,更应警惕身体欲望在虚拟与现实时空中的文化消费主义界限、身体真切感知与虚拟空间中精神解放的平和状态的达成。当现实身体无法成为虚拟空间中的精神解放的终点时,虚拟空间中的感知与体验意义构建尤为迫切,当身体无法承担虚拟空间中精神解放赖以修正的全部社会关系时,数字化美学的人性关怀应延伸至文化内里。

肉身经验的区隔又进一步加剧了文化的分层。"具身认知的研究纲领强调的是身体在有机体认知过程中所扮演的角色"[①],一切看似由数字建构的元宇宙网格化世界秩序,实质上正是一种新型的"互文的官僚化":数字帝国所建构的秩序与统治规则,不断发挥其规训的意旨,借此实现知识的殖民化。VR让我们感知到一个新世界的同时,也让真实的感官经验被遮蔽,当我们进入元宇宙幻象中时,一个真实的世界消失了,一种"幽灵化的体认"在主体之身形成。与此同时,印刷文本致使理性主体实现对现实世界的深度思考,获取现实世界中的秩序与理性,但它所形成的信息形式是逐渐被结构化的,并被纳入普世的知识架构之中,"知者与知识对象绝对分离,且知识对象绝对依属知者,为帝国主义阅读模式提供了管理形式"[②]。急遽发展的数字电子文本以及随之而来的商品消费,不断使社会分层。由此产生新的矛盾与纠结,相较于传统以印刷为主要媒介的社会,数字媒介所带来的阶层分化以及文化区隔更加明显,消费社会中人的物化、异化状态急遽加速。元宇宙也仿佛成了"一个现象学的幽灵"[③],在这一虚拟—现实交织的媒介场域中,逐渐隐匿的现实真实主体极易走向社会认同的反面,即自我消解,媒介降格为附庸,场域中的个体降格为自我摒弃。数字化进程使得精英与民间文化的合流加快,日常生活审美化成为一个悬在数字媒介审美头顶的达摩克斯之剑,文化合流但并未消除实质上的文化区隔,"北上广没有三流演员,四五线没有脱口秀",这一炙手可热的段子揭示出数字媒介看似促进了知识的传播和接受的平等与一致,但却并未能破除文化的割裂状态,精英/大众、传统/现代、高雅/通俗的二

---

① SHAPIRO L. The Embodied Cognition Research Programme [J]. Philosophy Compass, 2007, 2 (2): 338–346.

② 库比特. 数字美学 [M]. 赵文书,王玉括,译. 北京:商务印书馆,2007:31.

③ 库比特. 数字美学 [M]. 赵文书,王玉括,译. 北京:商务印书馆,2007:15.

元对立，仍然在数字化世界中延续，并未实现真正的解构。

总之，元宇宙是现实世界的延伸，但它是神话还是泡沫仍待检验，还尚未形成定论。仅中国学界将其译为元宇宙，其发展缺乏短期物质支撑，语焉不详，其虚拟/现实的物质现实基础支撑的不确定性更加剧了其自身危机。不仅如此，不论是虚拟时空的想象重构，还是现实世界的技术支撑，人与世界交往的中介——电子媒介，它不仅破除了时间和地点的特殊性，电视、电脑、手机使私人空间更易于为外部世界所接触，私人空间与公共空间地位改变，"个人私有空间被延展，并与他人的空间相互包含"，进而导致那些"现代性的解放事件被逐渐撤销"[①]。通过元宇宙这套仿真体系，在全球各地发生的各种事情，似乎都可以"发生"在我们周遭。在元宇宙所带来的转型中，一场全新的齐泽克式的"回溯性数字审美重构"正在悄然发生。

三、数字审美的重构与超越

元宇宙开启了一种乌托邦实践的可能。回溯西方美学史，科学技术的兴起与发展不断拓宽审美的门类和表现对象，从音乐、美术、戏剧的创作传统与现场展演，到当下数字媒介的加持，数字音乐、超文本文学等形式呈现，理性与非理性的争论一直从未止息。以上回顾可大体表明数字文化的发展现状，也预示着数字审美将有进一步走向繁荣的可能性。根据中国记协网2022年发布的《中国新闻事业发展报告》，截至2021年12月，中国网民规模达10.32亿，互联网普及率达73.0%；中国网络新闻用户规模达7.71亿，较2020年12月增加2835万，占网民整体的74.7%。[②] 庞大的网民基数奠定了数字审美发展的底层媒介基础，但数字审美的悖反又要求其理论前瞻与建构更加冷静慎重。

---

① 齐泽克.事件[M].王师,译.上海：上海文艺出版社,2016:210.
② 中华全国新闻工作者协会.中国新闻事业发展报告[R/OL].中国记协网,2022-05-16.

对元宇宙内外需要做两点说明。一是有限数字时空中潜藏无限发展契机。伴随大量数字科技的更新迭代，约翰·B.汤普森（John B. Thompson）所谓的"文化的泛媒介化"（Mediatization of Culture）正在侵入文化现场。元宇宙促动人类依靠想象所建构的平行空间是一个技术预设的空间，一个随技术的日臻完善而不断达到人的要求的有限时空。与此同时，时空虽然有限，但元宇宙这一科学—技术—社会一体化互动发展过程中内生出来的新生事物，代表着当代大规模数字社会发展的未来趋势，人类的诸多预期问题有望在元宇宙时空中得以解决，提前预演未来或尚未发生在此刻的愿景，为人类更深层地理解世界提供新契机与更多可能性。二是媒介与人的深度交融，直面后现代主义世界的媒介衍变历程，在肯定与批判中对数字媒介审美有效前瞻。后现代的媒介演进"显示出了从硬媒介向软媒介，从原子材质媒介向比特媒介转变的嬗变趋势"[①]，为当代文艺、审美研究方向提供了研判基础。置身于人类经由想象建构的元宇宙世界中，科技与数字进一步拓宽了人类的形象与媒介形态，实质也为虚拟—现实空间的建构奠定了一定的物质基础，对数字审美中的建设性思维向度加以肯定，同时也对技术主义至上所带来的不可预知的危机提前预演。基于上述双向分析，数字审美的悖论性得以更为纵深地呈现。为此，当代数字审美的前瞻必须从美学现代发展的视角入手，方能高屋建瓴。

（一）数字审美契机

元宇宙所凸显的数字审美悖论中潜藏着数字审美生态和谐的可能性。元宇宙虽然是一个虚拟—现实的空间，但参与者能真切体认到沉浸身体所带来的具身体验。这种具身感知是艺术想象与技术实现的融合，艺术想象奠定数字元宇宙建构的最大边界，技术实现则厘定元宇宙物质现实的具体样态，二者的融合带来数字文化的深刻转向。首先是"审美设计随着工业产品对生活世界的全面影响而扩大"[②]，而有限空间与无限想象建构的间隔不仅是文化空间的设计与建构，更是整个人类生存环境的形塑。这同时也意味着当下甚至未

---

① 何志钧. 新媒介文化语境与文艺、审美研究的革新[J]. 学习与探索, 2012(12):126–130.
② 叶朗. 美学原理[M]. 北京：北京大学出版社, 2009:307.

来的文艺、审美实践或将呈现出许多前所未有的新特点和新问题，要求文艺美学予以阐释和解答。相较于传统印刷时代，元宇宙语境下的人与媒介发生了重大转向，数字技术形塑诸多媒介形态与人文感知范式，大量丰富的视觉符号与形象共同建构现时的社会主体。

通过以上探看，以元宇宙文化为代表的数字技术在文化转型中的作用可进一步做出如下理解。

其一，日常生活审美的正向重构功能。20世纪80年代西方学界开始讨论"日常生活审美化"，而随着互联网的普及，现时社会中"拟象"的审美文化泛滥。一切都与审美、美学相关，一切都是文化的标记，一切都是历史的表征，整个社会符号化、虚拟化、赛博格化，但虚拟化不等于审美，网络世界、影像世界不等于审美世界（意象世界），"美学回归日常生活"的观点在彼时仅是一种审美化的美好愿景。正如叶朗《美学原理》中关于"日常生活审美化"的论述所指出的"在当代社会中，越来越多的人对于自己的生活环境和生活方式有一种自觉的审美的追求"[1]，日常生活审美潜藏着审美的正向重构功能。媒介是多个技术要素的产物，它的演进淡化了朋友与陌生人的区别，强化了在"这里"与在"其他地方"的人之间的交流。与此同时，媒介的演进历程也是一个扬弃的过程，即对现时生活时空中难以企及的事物或状态进行全方位的拟真重构，而元宇宙时空也会选择性地忽略或是放弃一些"真实世界"的某些质素，例如，虚拟时空的建构以图像、音频极大地刺激人的感官，但却放弃了印刷文本的阅读模式，且随着元宇宙时空的不断进化，人类也许又想要在虚拟时空中获得印刷文本的阅读体验，平面化阅读又再次被放弃。这种选择与放弃都是构成元宇宙日常生活复现与前瞻的进步，诸如此类理论容易导致媒介早期的"时间"和"空间"所限定的社会交往性质。一个有趣的现象是，命名为"废话输出机"的微信链接[2]，手动输入任何一个字或词语都能生产出篇幅宏大的长文，这种文本生产有一套完整的数据库话语生成模式，其所蕴含的创作逻辑已然重构了传统的文本生产逻辑。由此可以说，媒介重

---

[1] 叶朗. 美学原理[M]. 北京：北京大学出版社, 2009:314.
[2] 输入任意字词，一篇上万字的语篇即刻形成，废话连篇生成器链接：http://bbs.9999xq.cn/。

构日常生活的元素，日常生活又促使媒介朝着人类希冀的方向发展。

不妨说，当前我们正步入一种元宇宙时代，未来所面临的"大审美经济"①时代，经济形态的审美逻辑不断变化。其一，"元宇宙的集体参与性与沉浸式交互的可视化发展，会带来新形式的经济形态"②，随之而来的是体验——快乐经济崛起。丹尼尔·卡尼曼（Daniel Kahnem）把快乐作为经济发展的根本目的，而伴随这种转变而来的，正是人们在日常生活中对快乐、幸福体验以及审美气氛的追求。这种生理快感、美感以及某种精神快感的复合体，使审美（体验）的要求越来越广泛地渗透到日常生活的各方面。"未来已来"在元宇宙的浪潮中成为一句时兴的开头语，随之而来的是，虚拟数字人、虚拟剧场、虚拟社交、虚拟娱乐等的规模化增长。

此类审美消费所促成的文化实质是一种新型编码、解码方式。元宇宙视觉框架"就是关注视觉符号通过何种编码方式与机制制造了一种'视窗式'的视觉意义结构（structure of meaning）和视觉认知模式"③。经过消费主义编码与解码过程，元宇宙本身也植入了一种审美意识形态，"编码是一个复杂的意识形态植入程序，编码者所属的文化、历史政治和价值观会隐蔽地或显著地植入形象"④，即消费主义经由数字技术的文化植入与技术呈现，将编码对象所属的历史、文化和价值观念等，以日常生活中最常见的方式或情感转换后表达出来。解码则是当数字文化中的种种形象以符号来表征时，其所遮蔽的本义需要加以澄清，为不同地域的接受者打开一扇窗时，所进行的对形象意义的接受阐释。不论是编码还是解码，实质都是对消费主义裹挟下的形象意义的生产或接受的表述，即意义是如何通过数字形象建构而形成的。这个探究的过程，就是对现实世界中的实存物实现从概念到符号转化的结构化研究。后现代社会文化中消费主义的持续推进，不仅影响着整体文化形态的样貌，更会对日常经验产生革命性、颠覆性影响。

---

① 所谓大审美经济，就是超越以产品的实用功能和一般服务为重心的传统经济，代之以实用与审美、产品与体验相结合的经济。引自叶朗.美学原理[M].北京：北京大学出版社,2009:315.
② 屠毅力,张蕾,翟振明,等.认识元宇宙：文化、社会与人类的未来[J].探索与争鸣,2022(4):65-94,178.
③ 刘涛.视觉框架分析：图像研究的框架视角及其理论范式[J].新闻大学,2022(3):1-21,117.
④ 周宪.当代中国的视觉文化研究[M].南京：译林出版社,2017:27.

其二，元宇宙场景内蕴未来发展契机。元宇宙纵深关切的话题是场景与具身性的问题，"图像即信息""感知即信息"是当前元宇宙时空场景的重要特质。场景不仅是当前日常生活表征的重要空间载体，而且是呈现当前文化现场与未来幻象的景观。在元宇宙场景中，文化景观遵循的是现实世界的价值逻辑以及感知范式，与现实不同之处就在于，进入元宇宙场景中的个体遵循的是虚拟—现实的沉浸体验逻辑，在两套看似互不干扰的时空体系中，架构出两套完全不同的自我体验，形成场景基础上的虚拟／现实两套价值情感判断乃至文化认同。

场景理论缘起于20世纪50年代，尔文·戈夫曼（Erving Goffman）社会拟剧理论所探究的"场景"（Situation）论述视场景为"在建筑物或房舍的有形界限内有组织的社会生活"和"受某种程度的知觉障碍限制的地方"[1]，阐释了社会生活中物理空间中的互动，使场景研究成为社会生活研究的重要分析单元。行至20世纪80年代，约书亚·梅罗维茨（Joshua Meyrowitz）基于电视媒介普及浪潮提出的"媒介场景理论"（Media Situational Theory）将物质场景延伸至信息场景，对新媒介的场景功能进一步深入拓展。而在数字时代，"场景主义是指充分发挥数字技术中的场景赋能作用，以适应数字化时代商业逻辑变迁的经营理念与方式的集合"[2]，实现了数字时空中对日常生活事件的技术建构。基于后工业社会消费主义形塑的文化语境为背景，新芝加哥学派代表人物特里·克拉克（Terry Clark）对场景（Scenes）进行了重新定义与阐述。在他看来，场景涵盖四个要素：一是地理学概念的社区；二是显著的实体建筑；三是种族、社会阶层、性别、受教育程度、职业和年龄等各不相同的人，因为场景高度关注集聚在其中的特定人群；四是将这些要素链接起来的特色活动（比如，一场庞克音乐会）。[3]归纳来看，场景是一个开放性的系统，蕴含合法性、戏剧性以及真实性三个维度的审美特征，且克拉克的场景理论是对戈夫曼场景观中物理概念的超越，打破了对梅罗维茨媒介单向度场景的单物质维度，趋向文化、美学与社会学理论的融合与兼蓄。

---

[1] 戈夫曼.日常生活中的自我呈现[M].黄爱华,冯钢,译.杭州：浙江人民出版社,1989：序言,102.
[2] 夏蜀.数字化时代的场景主义[J].文化纵横,2019(5):88-97,143.
[3] 克拉克,李鹭.场景理论的概念与分析：多国研究对中国的启示[J].东岳论丛,2017,38(1):16-24.

实际上，元宇宙时代的媒介形态已然超越了传统媒介的现有场景功能。在一系列偶发的、转捩的虚拟—现实事件表征中，媒介具象符号元素内蕴的深层意义结构和修辞能量是相应时代情感结构（Structure of Feeling）和集体无意识（Collective Unconscious）的表征。元宇宙场景重构了人们现时生活理解场景，一套认知结构，这或许与罗兰·巴特（Roland Barthes）图像修辞的深层意义——"含蓄意指"（Connotation）意义结构相似，都提供了一种解构意义上的认知图示。不可否认的是，"虽然场景主义有许多问题，但它确实提供了一种观察社会角色和行为规则的有用且有趣的方法"[①]，场景理论对理解新媒介与人的行为影响提供了许多隐蔽的线索。一是变化中的媒介因为场景差异而回溯性地重构场景特质。场景已有的诸多特质是现实媒介的多种叠加与更新的结果，但当技术奇点降临之时，那急遽突转的变化不仅会改变场景现有的格局与秩序，甚至会改写场景的格局与整体面貌。二是场景的构成要素会影响场景的"真实"与"现实"呈现。现实的诸多特质会影响场景中个体的社会行为，当元宇宙时空场景构成要素不一时，现实社会中存在的差异行为集合就变得不可知，而个体也会因为不同场景中的要素做出不一样的应对方式，虚拟—匿名与现实—真空的个体撕裂面临严重的界限问题，且元宇宙场景并非相对稳定的场域，个体无法知晓自我的真实现居何处，场景中的赛博格身体、虚拟数字人、超文本等质素差异，现实中的场景和表演受到新传播媒介的影响，呈现出一种自由的审美状态，一切都是游戏。

上述这些表述，贯穿着一个重要的逻辑：场景中的交往是由技术实现的。场景从消费与美学的视角看，有益于呈现社会的生产方式与交往结构。现实社会生活的物质基础、生产关系及精神文明等要素，也同样会位移至虚拟空间中。场景会沿用现实社会的宗教礼仪、社会习俗及法律法规，这些为场景的通用提供指导。但同时，技术的边界也成为场景表征的重要内容，会体现该技术与其他社会要素（如自然、文化、技术、历史、地域等）的交织程度与深度，并开掘出场景对未来的多维度意义。这不仅预演了技术边界所导致的难题，而且也对具身审美体验做出了时空在场的前瞻。媒介不仅是信息传

---

① 梅罗维茨.消失的地域：电子媒介对社会行为的影响[M].肖志军，译.北京：清华大学出版社，2002:30.

播的现时主客样态的呈现，而且也是制约不同文明形态中人员交往的重要渠道。人类文明越是向前发展，媒介在人的生活中扮演的角色就越发重要。

（二）数字审美超越

如果采取微观视角对数字审美的发展契机进行论述，那么从宏观视角来对数字审美进行的前瞻将成为一种互文与对话。"元宇宙"已然成为一种"蕴含未来的过去"的存在，"对历史的叙述始终是对未来的勾勒，是打开未来想象的钥匙"[1]，元宇宙或者说当前的数字文化，以一种极其复杂驳杂的、不确定的历史面影呈现着未来的广阔图景。面临文明界限之时，一种深刻的历史意识应当被重视、被关注、被延续。人也许面临马克·波斯特（Mark Poster）所谓的"数据库是超级全景监狱"[2]这一数据牢笼的威胁，但新的机遇也内蕴于此。

其一，元宇宙开辟的游戏文化逻辑与主体性。"游戏的生机与悖反"有利于打破学科界限，破除学科内部藩篱。自从康德提出游戏无目的性以来，席勒的"游戏的人是自由"的观点已浸渍人心。不妨说，游戏是一种媒介，媒介要求的所有功能，游戏中都能实现，但当前游戏已然成为一种媒介文化的表征与逻辑，游戏实现了各类体验与尝试，提升了自我，从完全意义上实现了"学而时习之"的模式，无缝衔接了虚拟与现实。游戏文化有望成为未来媒介传播的主要媒介。大量实践都透露出元宇宙"分身认知综合体"的特性："离身认知"和"具身认知"。[3]

"具身性"（embodiment）关涉身体之于审美的重要范畴，强调的是身体感官对认知的影响。"离身性"则是作为其关照对象而存在的一个范畴，即虚拟时空中的身体感知与个体真实认知的关系，有待进一步判断。二者都凸显了对主体身体的关注，对虚拟—现实时空中的角色具身化加以审视，角色的虚拟性、角色的表演性以及角色的隐喻性，都通过一以贯之的游戏逻辑得以贯穿，身体之于审美、身体之于游戏以及身体之于元宇宙内部与外部空间的

---

[1] 戴锦华, 王炎. 返归未来：银幕上的历史与社会[M]. 北京：生活·读书·新知三联书店, 2019:40.
[2] 孙恒存, 张成华, 谭成. 文艺研究的数字审美之维[M]. 成都：四川大学出版社, 2014:25.
[3] 曾军. "元宇宙"的发展阶段及文化特征[J]. 华东师范大学学报（哲学社会科学版）, 2022,54(4): 98–105,117–178.

建构性愈益凸显。

就内部而言，元宇宙所型构的个体"内在体验"，是当代社会生活的一种游戏文化底层逻辑与表征。纵览全球文化，网络游戏已然成为社会生活的日常习惯，二十年前人们还为孩子打游戏而疾首蹙额，到今天已习以为常，且今天的数码媒介游戏方式更为多样和简便，只要一部手机和网络，游戏的世界就会对任何人开启。可以说，在这样一个"内在体验的社会"中，游戏不仅是闲暇生活的娱乐延伸，一种生活常态，更是一种深层心理无意识结构。不可否认，在当下具备连接互联网条件的城市中，人的精神娱乐消费越来越成为人们劳动之余的探讨议题，而文化消费意义占比越来越大，日常生活审美实践活动被消费主义裹挟。而不论是数字虚拟的游戏，还是沉浸式体验的参与游戏，游戏功利性的价值都远远低于其审美价值，元宇宙、数字网络所建构的场景游戏，更大程度上是一种文化产品，纵深地满足人们精神、心理方面的需求。这种文化逻辑在元宇宙时空中，以一种戏谑的口吻，以"玩"的体验、参与心态重构出整个元宇宙文化场域中主体的身份与角色。

从外部来看，游戏不仅是一种个体的内在经验，更是一种文化表征。纽约学派代表人物保罗·莱文森（Paul Levinson）认为媒介提供一种事件产生的可能性，游戏设定、玩家体验、被建构出来的有限自由，元宇宙所建构的"狂欢化"时空，是一种去中心化的游戏空间。微博、抖音、短视频等各类平台的网红通过各类社交平台曝光个人生活，从而获得一种想象性的心理满足；网络游戏的沉浸体验正使得现实情境中的个体，经由网络游戏的内在逻辑而实现一种愉悦性，是现代社会文化转向的一种折射，虚拟网络社会交际大放异彩，虚拟现实中的对象被视为符号化的情感载体与审美意象。我们不应该直接从元宇宙建构的精神逻辑来构建新的社会文化语境，但却应该从中汲取有益的游戏成分，即数字审美游戏总是被赋予现实生活之外的自由运行逻辑，以元宇宙虚拟现实为代表的媒介被人们视为一个"审美产品"，但这种产品背后，存在的是娱乐精神对游戏主体与身份认同的文化心理。

数字审美看似借助媒介、依凭技术实现人生存境况的极大改善，但更为纵深的，是人想借助媒介实现自我超越的内在动因。"从历时态的角度说，文艺消费的主体经历了从单一主体到多元主体、从无主体到主体再到后主体的

<<< 第三章　元宇宙与数字化时代的审美新变

演变,其情况十分复杂。从共时态的角度说,在当代市场社会的有机依赖体中,商业化的出版、发行和销售网络、批评机制、大众传媒、种种文艺机构、各种类型的消费者群体共同营造了大众文艺消费的场域,在一个众语喧哗的消费场中呈现出的是众多的交互性主体,文艺消费活动更像是一种妥协、协商的结果。"① 这意味着,外部纷繁的游戏经验所建构的是主体身份认同的问题,即"认同(Identity)是人们意义(Meaning)与经验的来源"②。但在这个虚拟的空间之中,现实的公民社会将会走向坍缩与分裂,一个激进的、快感的、不可见的游戏空间,其间的身份认同在个体的合作与表达逻辑之中凸显出来,这个游戏的空间极有可能打破历史与时间线性的限制,进而建构一种新的游戏化的文化身份,它不仅存在于过去、存在于此刻,它更存在于未来,而这一切,都在它转揿的瞬间成为一个异质性的主体,毕竟人的主体性地位与媒介演进也是互相联系的,"这种主体性一方面表现为发明新媒介的冲动,另一方面又表现为运用新媒介来增强自身能力的活动"③。

诚然,我们应当做安东尼奥·葛兰西(Gramsci Antonio)所谓的"悲观的理论者、乐观的实践者"。可以预想,网络游戏逻辑的多维浸透,已然在重构当前的数字审美形态。未来社会预演性媒介,提前经由游戏设立的场景之下的社会演练,以最低的成本得到一种社会实践探索中的知识,极大降低了社会探索成本,丰富了探索的可能性。一种新型主体的建构正在发生,数字技术以及元宇宙,为数字时代人之主体性的重新发掘,奠定了现时美学基础。这是巴赫金意义上的狂欢化场域对人之主体性的重视与归返。当前的数字审美既是存在于过去历史之中,又是存在于未来的展望之中。当前数字审美与以往的数字审美的最大不同在于,当前的数字审美已然沾染了一种现代性的特质,与科技深刻地黏结在一起,那么,将媒介置于美学史的演进历程中,意味着什么呢?"由此,传播媒介越是倾向于将社会中不同人的知识分开,该媒介就会支持越多的权威等级;传播媒介越是倾向于融合信息世界,媒介

---

① 何志钧.略论文艺消费的主体构成[J].山西师范大学报(社会科学版),2008,35(2):95-98.
② 卡斯特.认同的力量[M].曹荣湘,译.北京:社会科学文献出版社,2006:5.
③ 黄鸣奋.新媒体时代电子人与赛博主体性的建构[J].郑州大学学报(哲学社会科学版),2009,42(1):166-171.

就会越鼓励平等的交往形式。"①游戏不仅作为一种虚拟娱乐方式,将不同圈层的人会至同一平台,更是对传统单向度单一媒介的反拨,元宇宙媒介的介入创生了一种复合多元的交互主体,呈现出更为多元丰富的网络空间、大众文化场域中的弄潮儿。多元融合的游戏主体与客体,进而实现了现时乌托邦意义上的信息、媒介、艺术与生活的融合,为当代数字审美实践提供了更为丰富的多功能审美符合客体。

其二,审美新文艺与媒介生态。认知边界、认知竞争,从舆论战到认知战,传播边界以及认知视域的差异形成巨大的社会撕裂,但同时也正因如此,认知圈层的突破、认知资源的占有以及边界的明晰才得以形成。媒介认知建构起人关注传播的重要竞争,正如戴锦华所述,"在我看来,依靠技术和装备的'未来'依然是在加剧制造不同群体的隔阂,是人文主义学者最需要警惕的议题"。数字审美的文艺现状蕴藏新的现代人文精神。首先,数字审美的积极意义,体现在数字文化中的实存——身体。虽然其在元宇宙虚拟—现实空间中扮演着重要的中介作用,但它的反叛性有益于抵抗现实世界对人的异化,即当前人们的感知已然陷入一种"无感知"的文化事实,数字娱乐、数字算法、数字生存等都与元宇宙的核心理论范畴产生了千丝万缕的联系。这种数字文明对现时身体快乐的剥夺纵然与赫伯特·马尔库塞(Herbert Marcuse)所谓的特定历史阶段相关,但现时的数字历史中,蕴藏着唤醒与重构的契机。作为数字审美中重要的参与中介,人的身体意义的重新发现,将是数字技术的生命关怀底蕴的最好体现。对技术的追问,即是对人类自身危机化解的努力与寻求。它彰显了现代数字科技文明应有的人文关怀,有助于促进世人自觉抵制工具理性和商品拜物教,站在全人类利益的高度追求人类社会文化的良性发展,最终实现数字科技成为人类福祉的创造者的目标。

从数字审美的外部环境来看,一种新的历史语境正在形成。新的历史话语权力存在于信息符码之中,存在于再现的影像中,存在于无数个正在被建构的虚拟—现实场域中。围绕着元宇宙时空所建构起来的权力空间,经由数字媒介无限传播与扩散,人们不十分清楚它是什么,但又抓不住它。但游戏

---

① 梅罗维茨.消失的地域:电子媒介对社会行为的影响[M].肖志军,译.北京:清华大学出版社,2002:61.

建构起来的身份认同紧紧地锚定在社会结构的诸多话语权力方面,"由此构筑起自己的攻防阵地,以便在争夺那些构建起行为和新制度的文化符码的信息大战中赢得主动"[①]。

但更为重要的是,技术、资本与审美三者的文化间性关系需要重建,需要强调三者的协调、平衡、互通。同时,注重数字审美空间中生产者与消费者的审美品位以及审美氛围的营造,视网络为一种不确定的客体来进行研究、建构理论。正如马克思所言:"资本不是一种物,而是一种以物为中介的人和人之间的社会关系。"[②]数字网络空间建构了一个匿名的数字时空,而这种匿名性"可以用来打破网络化社会的自我文化的束缚"[③]。也正是这种匿名性,从机器与人共同进化的历史中,从电脑和全球物联网的交织状态中,从过去的数字审美历史中,冲破已有的桎梏,为真正具有全球性和民主性的未来创造条件。"如果我们不想被改造成为公司电子人的一部分,如果我们不想被抛弃在无所不包的公司电子人之外,那么我们必须重新创造人机交流的机器、过程和自我。"[④]元宇宙正是在互动间性的视角上建构了一个审美的场域。

元宇宙进一步凸显了"审美是人类精神面貌的体现和彰显",科技和人文观念的博弈从未止息,数字科技一方面促进了世界的凝聚,本土文化在全球范围内的交流、全球文化的跨域传播,另一方面也加剧了强势文化与弱势文化的竞争,使"数字鸿沟"横亘,使文化"脱域"无根漂泊。

数字化进程致使现代社会中的个体被束缚在诸多碎片之中,唯有通过各美其"美",方能走向多元、走向自由。元宇宙悖论需要我们以一种批判的眼光审视数字文化,但是,"批判不应仅仅局限于否定、消极的层面",更应关注到"人们通过新媒介实践寻求自我的实现,为了在自我实现的过程中使艺术、道德、政治在人类社会再度觉醒"[⑤]。面对全媒体、融媒体的数字文化新格

[①] 卡斯特. 认同的力量[M]. 曹荣湘,译. 北京:社会科学文献出版社,2006:416.
[②] 中共中央马克思恩格斯列宁斯大林著作编译局. 马克思恩格斯文集:第5卷[M]. 北京:人民出版社,2009:877.
[③] 库比特. 数字美学[M]. 赵文书,王玉括,译. 北京:商务印书馆,2007:255.
[④] 库比特. 数字美学[M]. 赵文书,王玉括,译. 北京:商务印书馆,2007:259.
[⑤] CAREY J W. Communication as Culture ,Revise Edition :Essays on Media and Society [M]. Taylor and Francis,2008:139.

局，在元宇宙凸显的现实—虚拟互通互生的世界中，新型的文艺美学更需要关注全觉审美，也就是全方位调动人的感官与审美，对当前的审美实践以及审美理论进行新的整合提升，培养新的生长点。认清这一点，有助于我们更好理解数字审美文化转向的多维面向。

第四章

数字化时代的审美教育

"回归到存在者那里,根据存在者之存在来思考存在者本身,而与此同时通过这种思考又使存在者憩息于自身。"[1]

——海德格尔《林中路》

从20世纪初至今,中国现代的审美教育探索走过了一条艰难曲折的道路。据当代学者考证,"美育"一词始见于汉末文人徐干的《中论·艺纪》,在此,徐干明确提出了"美育群材",他所说的"美育"和现代"美育"概念含义相近。他的相关论述很能体现中国传统"大美育"思想的特色。[2] 这种美育观在中国历史上长期延续。王国维1904年发表的《孔子的美育主义》一文明确指出孔子有伟大的美育实践,孔子之学说"其教人也,则始于美育,终于美育"。王国维强调美育为德育之助,[3] 他的观点接通了孔子、徐干与席勒的美育思想。蔡元培在1917年4月8日于北京神州学会讲演中提出了著名的"以美育代宗教"说,既强调纯粹美育可以陶养情感,使人高尚纯洁,又以无功利、超感官的审美普适性美育观彰显了鲜明的现代性文化追求。

新中国成立伊始,我国教育界和政府曾明确提出美育是学校教育的重要组成部分。但在20世纪六七十年代,由于各种原因,审美教育实践并没有得到应有的重视,而是被严重扭曲甚至遭到了排斥和否定。从20世纪80年代开

---

[1] 海德格尔.林中路[M].孙周兴,译.北京:商务印书馆,2018:17.
[2] 刘锋杰.徐干"美育群材"的发生意义考察:"美育"是一个外来词吗?[J].江淮论坛,2023(3):159-167.
[3] 刘锋杰.徐干"美育群材"的发生意义考察:"美育"是一个外来词吗?[J].江淮论坛,2023(3):159-167.

始，伴随改革开放，精神文明建设备受关注，人的素质、人的发展、人性的完善成了国人普遍关注的主题，加上美学热的兴起，审美教育在理论和实践两个层面得到了广泛重视和长足发展。从1980年6月起，有多次全国性或地方性的美学、美育会议召开，这些会议强调了审美教育在精神文明建设中的重要性，突出了美育在国民教育中的地位。1986年，国务院制定的"七五"规划明确地将审美教育与德育、智育、体育一起列入教育方针，规定各级各类学校都要"贯彻德育、智育、体育、美育全面发展的方针"。1993年发布的《中国教育改革与发展纲要》更对美育在学校教育中的地位做了专门阐述。1999年全国第三次教育工作会议作出《中共中央国务院关于深化教育改革全面推进素质教育的决定》，审美教育在教育中的地位进一步得到提升。近年来，在"五育"并举构建全面培养新时代人才的教育体系的思路指引下，美育的地位、作用、新的使命和要求得到了更为理性、自觉的强调。2019年，教育部印发了《教育部关于切实加强新时代高等学校美育工作的意见》，该意见强调要"充分运用现代化信息技术手段，探索构建网络化、数字化、智能化、线上线下相结合的课程教学模式，规划建设一批高质量美育慕课"①。2020年，中共中央办公厅、国务院办公厅联合印发了《关于全面加强和改进新时代学校美育工作的意见》，明确指出要"开发一批美育课程优质数字教育资源"。②在数字化时代，美育面临着新的机遇和挑战，如何促进美育在数字化时代的良性发展，使数字技术更好地赋能美育，是时代提出的新课题。

一、数字化时代的审美教育

陶冶性情，优化身心状况，培养具有健康向上的审美情趣和较强审美能力的主体是美育的宗旨和目的所在。美育的作用在于引导、提升、重塑，需

---

① 中华人民共和国教育部.教育部关于切实加强新时代高等学校美育工作的意见 [EB/OL]. 中华人民共和国教育部政府门户网,2019-04-02.

② 中共中央办公厅国务院办公厅印发关于全面加强和改进新时代学校体育工作的意见 关于全面加强和改进新时代学校美育工作的意见 [N]. 人民日报,2020-10-16 (4).

要发掘社会生活中形形色色的美育资源，用理想美的境界和标准引领人们对标审美境界，提升自身，创造更美好的生活。

美育是一个系统工程，既是一种社会实践、人生实践，也是一种教育行为，在学校美育中，尤其需要通过系统科学的教育训练、长期有序的美的熏陶体验，实现美育目的。美育既需要借助传统的自然美、艺术美、社会美开展，在数字媒介转型的时代潮流影响下还需要重视科技美、数字美、生活美、文创美，借助多种形式提升青少年感受美、鉴赏美、创造美的能力，陶冶性情，涵养心灵，培养健康身心、健全人格，促进青少年德智体美劳全面发展。移动互联网、大数据、人工智能、虚拟现实技术不仅促使产业升级，使大量的社会生产体系自主可控，也影响着社会文化生活，促使美育转型。和教育一样，美育也面临数字化、网络化、智能化，传统美育信息的数字化和数字美育资源库的建设、美育信息高效便捷的网络传播、美育管理的智能化既对传统美育是一种挑战，也是一种前所未有的历史机遇。随着数字传播技术的迅猛发展，互联网的蛛网蔓延，台式电脑、平板电脑、智能手机全面普及，多媒体、全媒体、融媒体在社会生活和美育领域全面渗透，利用数字传播技术进行数字美育水到渠成。数字美育已成为当代教育学、美学、审美实践、文化建设不能不关注的热点。

数字媒介转型使当代社会经济文化发生深刻变化的同时也影响着审美实践和审美教育，深刻改变着世人的审美理想、美育观念和美育方式，使审美教育境况、审美教育模式、审美教育方法、审美教育形态等都发生了连锁变化。数字化生存影响下的当代审美教育境况与长期以来的审美教育状况大为不同。在以往时代，音乐教育、美术教育、舞蹈教育、雕刻教育、书法教育、文学教育及各种各样生活美育的从业者是互相区隔、隔行如隔山的，各门类、各领域的审美教育各自为政、分庭抗礼，宛如一盘散沙。而数字化时代是一个"合"的时代，在数字化平台上，各种行业被整合融汇，许多数字文艺审美形式很难说得清楚是属于文学、音乐、美术、影视哪个单一领域的，更多的情况下，它是一种"大杂烩"。"全媒体"格局极大扩展了传统文艺的生存空间。例如，网络超文本、DV 短片、交互电视、赛博戏剧、广播小说、文学光盘、文学网站、数码绘画、网络音乐等的出现为传统文艺审美的发展和传播提供了新的支撑点、生长点，美育通过与新的媒介载体、新的技艺的结合，生发出了无限的潜力，显示出了发展的种种新的可能性。传统的审美教育不同程度地受到地域、时空的限制，由于地理状况、民情风俗不同，不同地区、不同族群的审美教育也明显不同。数字美育则可以超越时空限制，瞬间散播，互通有无，四海同辉。同时，数字技术使各种新型数字文艺不断涌现，无须笔墨的数字绘画、声画文情并茂的多媒体超文本、实时沉浸且动态交互的网络游戏、"出口成章"的诗歌生成程序"九歌"等、数字动态画《清明上河图》等缤纷陆离，虚拟现实技术使超真实、拟像成了审美教育的新对象，基于虚拟现实的沉浸体验成了当代审美教育的重要体验。虚拟性和实时交互性是数字化时代审美实践和审美教育的重要特点。例如，基于超文本电子互动程序、DirectX 特效、人物建模技术、视听觉仿真和纯 3D 画面，电子游戏获得了逼真的"模拟合成环境"，这种虚拟现实使人沉浸其中，不仅能获得真切的现场体验，而且在其中扮演一个角色，直接参与到作品的情节营构中。这与传统的"置身其外"的审美欣赏大为不同。在这种情况下，审美教育的境况显然有其新的特点，当代审美教育的境况呈现为"物质文化形态的社会情境、艺术文化形态的审美意境、虚拟文化形态的数字化拟境"交叠融合的新态势[①]，因此，不能简单地用传统的审美教育观念去强拉硬套。

数字文明为教育文化的大普及、信息的传播共享和文化的下沉奠定了基础，审美与日常生活的界限进一步消弭，历史上为精英垄断、局限在上层社会的高雅文艺和审美教育"飞入寻常百姓家"。审美教育日益成为生活的一部分，与日常生活水乳交融。而如果我们固守传统精英主义的审美信条，画地为牢，势必会使当代美育故步自封，因循守旧，丧失接纳丰富驳杂的新的审美实践成果的机遇，失却生机活力。也只有当审美教育能够随着对象、时代语境、文化心理、审美的转型相应地调整自身，实现自身的升级换代时，它才能不断焕发生机和活力。如前所述，以往的审美教育条块分割，泾渭分明，而数字化时代的审美教育则应该具有全局意识，通盘考虑各种审美领域的联通互动，积极改进审美教育的观念、眼光、模式、方法。传统的审美教育追

[①] 何志钧，孙恒存. 数字化潮流与文艺美学的范式变更 [J]. 中州学刊,2018 (2):152–158.

求超尘脱俗、远离世俗功利，推崇静观、虚静的审美情趣，看重精神陶冶、社会教化的美育效果。而在今天，传媒产业蓬勃发展，日常生活审美化和审美日常生活化相互纠缠，数字技术与文艺审美、市场商业盘根错节，审美与身体、欲望、创意、营销、利润难以分割，一味因循康德、席勒旧说，过度强调审美教育的无功利性、纯净性，势必会使审美教育不接地气，难以针对时代审美文化的新状况、新问题恰切有力地进行调整，改进传统的审美教育模式，探索具有现实感、可操作性的审美教育方法、途径、程式。

青少年美育历来是美育的重中之重。2023年7月18日召开的2023年中国网络文明大会发布了《新时代青少年网络文明公约》，公约强调："强国使命心头记，时代新人笃于行。向上向善共营造，上网用网要文明。善恶美丑知明辨，诚信友好永传承。传播中国好故事，抒写青春爱国情。个人信息防泄露，谣言蜚语莫轻听。适度上网防沉迷，饭圈乱象请绕行。远离污秽不炫富，谨防诈骗常提醒。与人为善拒网暴，守好底线不欺凌。线上新知勤学习，数字素养常提升。网络安全靠你我，共筑清朗好环境。"而数字美育是达成青少年网络文明的重要途径。有鉴于校园文化在青少年人格养成、身心成长过程中的重要作用，在校园文化建设中自觉主动借力数字文化，将时代特征、学校特色、网络文明有机融汇，营造绿色校园、智慧校园，促进传统校园美育的数字化转型，扩展校园美育的范畴，使实体校园、线上校园中的数字文明元素、数字校园文创有机结合，营造积极向上、朝气蓬勃的校园美育环境，对于促进美育教学改革，进行环境育人、气氛育人，全过程、全周期、全方位提升大学生审美素养和综合素质意义重大。在这方面，已经产生了不少范例，如中国地质大学自觉将数字技术与学科教学、创新创业、课外实践有机结合，通过创建"教学—实践—创新创业"三位一体的美育过程，将学科自身蕴含的科学之美、自然之美、艺术之美，通过授课、实践、摄影、绘画、三维建模、虚拟漫游等数字艺术手段，进行外化的、具象的呈现，赋予了"教学—实践—创新创业"以丰富的文化内涵，构建起全过程美育机制。具体到专业课教学，他们在地理信息科学（GIS）专业的教学中，也注重通过"地理学"课程教学内容展示山川大河的"地理之美"，通过"三维GIS"实践课程掌握虚拟仿真技术的"科技之美"，通过参加3D建模和打印学科竞赛以及创新创业实践以可视可触的形式体会"视觉之美"。①

二、数字美育面面观

数字美育和传统美育同中有异，异中有同。针对数字美育，我们需要通过不断探索深入了解数字美育的特点、规律，不断丰富完善数字美育体系。需要遵循数字美育特点，有针对性地开展数字美育，提升数字美育成效，助力青少年学子的审美素养提升。需要不断开掘数字审美文化、数字文娱、数字生活中的美育因素，完善数字美育资源库和数字美育平台的建设。

数字美育的范围非常宽广，既包括赛博空间的美育，即网络美育，也包括线上线下贯通的数字校园美育环境建设，如实体校园中的数字文明元素、网站和公众号及与之相应的服务器等大型设施的运营维护等。数字美育体系的建构、研讨、试错、示范、推广也是数字美育不可或缺的组成部分。在赛博空间，青少年在网际交流交往过程中必然涉及数字美育，数字美育资源库建设、数字美育平台建设也与赛博空间须臾不可分离。

（一）数字美育的特点与优势

由于网络传播、网际生活与传统的信息传播、现实生活有着很大差异，这使一些现实生活中代代相传的伦理规范和审美理想在网络空间遭到挑战和质疑，使网际生活出现暂时性的审美失重和伦理盲点。而不少承担美育重任的工作者对网际生活了解甚少，在网络技术操作上落后于年轻一代，客观上使得当代美育工作者在应对网际生活问题时有些力不从心，网络美育的形势不容乐观。加强数字美育、优化网上网下生态环境是一个迫切需要解决的课题。网络美育的紧迫性并不意味美育在数字技术和网络传播大兴的时代只能

---

① 王雨双, 张建增. 将数字艺术设计融入高校美育教育的探索与实践—以中国地质大学（北京）为例[J]. 中国地质教育, 2022, 31 (3):17–21.

深陷困境，无所作为。相反，网络美育不但是可能的，而且是紧迫的。网络传播没有技术原罪，导致网络犯罪和网上生活失范的更多的是由于人为的因素：正是由于人的审美意识淡薄、伦理责任感弱化和价值观、人生观的畸变加剧了网络生态污染，所以在应对网络文化畸变上仍应以人为本。任何文化都具有自我改进、自我完善、自我保护的修补—再生机制，否则它很难长期存活和生长拓展，网络文化亦然。在网络空间中，现实社会的道德与审美标准的统一性和确立性变得模糊，因此容易导致审美的多元化和杂语化。但是网际交往同样需要适合自身的游戏规则，需要形成和确立新的具有统括性的网络审美标准，以规范网络空间秩序，优化网络生态环境，培育抵御网络犯罪的"抗体"，推进网络空间的综合治理。

网络美育较之传统美育更符合以人为本的现代性文化精神。网络美育立足于全新的网络环境，本身就有着传统美育无法比拟的优越性。与传统美育在教育目的上的高度划一的、抽象化的"完人"神话不同，网络美育并不苛求每个人都做那种模式化的"完人"。与传统美育对人的单一主体性的培育和对单一的审美模型的维护不同，网络美育充分正视了生活方式与审美实践的多元化，它要培育的是人的多元主体性，促进和维护的是人的审美生成的多种可能性。互动是美育的灵魂，与传统美育居高临下、单向辐射的高台教化不同，网络美育始终体现着相互交往、及时对话的民主精神。与传统美育中教育者和受教育者的实名身份和区别鲜明不同，网络美育具有身份扁平性，这淡化了教育者和受教育者的身份区分，使得网络美育得以在更为自由、平等、坦诚的思想情感交流中达成。这种充满新鲜气息，散发着勃勃生机的网络美育是网络社会的精神希望。

传统的审美教育多采取实时实地化的情境教育。数字美育不再像以往那样仅仅局限在物理时空中，也不再像以往那样主要局限在"熟人"世界中，因此数字美育更具包容性，更要求人们养成宽容的胸怀，具备开放视野、当代意识和平等理念，从而以宽容的心态尊重人们各自的文化趣味和审美选择。数字美育的一大优势是超越时空局限，可以瞬息间开展，在网上向全世界传播，覆盖范围广，涉及海量受众，可以全天候、大规模化、立体多维开展。数字美育的另一个优势是其开放性，它使美育具有无限可能，可以全过程、全周期、全要素、多方式、多维度、无死角地开展美育实践。数字平台可以为用户多层次、多维度、多目标地开发使用提供条件，利用云盘、网盘存储美育资源，利用网站、微信公众号建设小组、班级、学校的美育云上园地，进行成果汇集展示、全天候交流互动，实现课堂延伸，实现美育的课内课外相结合、线上线下相融合、虚拟与现实相结合，还可以实现美育成果的网上网下传播，广交同道，集思广益，相互促进。

共享性也是数字美育的一个优势。正如梅特卡夫效应显示的，数字技术和数字文化为海量数据信息的集聚、分享奠定了基础，也有助于促进美育资源共享，为处于不同时空的受众同时阅览、提取、使用各类信息资源奠定了基础，促进了互通有无，弘扬共享精神。互联网、移动通信、大数据技术可以极大促进美育资源的共建共享，不仅可以便捷、高效地将传统美育资源数字化，分门别类整理汇总各类数字化美育信息，建设超大规模的美育资源库，而且可以克服时空、设施、经济文化水平、师资力量等方面的局限，实现美育资源全民共享。数字化技术不仅为智慧校园、智慧校园美育体系建设提供了技术基础，而且极大拓展了美育的外延，各种智慧场景、各种数据信息资源，甚至物联网中的信息都可以经过筛选纳入美育资源库。

数字美育的沉浸体验、气氛审美，可以让学生如临其境，全身心沉浸在虚拟世界的声光电色中，视听嗅味触同时感应，使美育全息化、美育效果最大化。

数字美育的显著特点，首先在于影响的深刻性，由于数字信息具有全球性、多元性、开放性、交互性、海量性等特点，来自五湖四海的网民能便捷交流，共享资源，互通有无，轻松聚谈，这为数字美育赢得了规模大、覆盖面广、信息全的名声。由于青少年网民在数字美育实践中是按照自己的兴趣上网搜索相关信息、进行美育实践的，因此数字美育信息更能深入青少年的心灵，其潜移默化的熏陶、引导效能是有着多方面限制的现实美育不可比拟的。当然，网络是一把"双刃剑"，它使得全球各种不同的文化形态汇聚交织，信息垃圾充斥，而青少年的世界观、人生观和价值观还没有最终确立，对这些信息难以做出理性的判断，网上海量的信息会给青少年的审美观念带来巨大冲击，容易误导学生的审美情趣。信息超载还会使青少年目不暇接，注意力始终被各种信息牵着鼻子走,影响他们静心思忖、批判反思。沟通的互动性是数字美育的另一个重要特点。网络交往的匿名性、间接性、实时性使青少年更易于依照自己的人生观、价值观、兴趣点高度放松地进行网际交往。网络超乎想象地拉近了人们之间的空间距离和心理距离,在网络中有共同审美兴趣的人很容易聚到一起,推心置腹,深入交流。这样,美育工作者也就可以在网络空间有意识、有针对性地对青少年进行审美教育和文化利导。和现实中的美育相比,网络美育更容易实现开诚布公、畅所欲言,可以得到充分的互动和及时的反馈。各种形式的数字美育都可以充分发挥数字化文化互动性强的优势,促进多主体在线互动,自助餐式建设美育趣缘社区,实现美育的自助化、多元化、小微化,使美育实践更为灵活多样。但是,由于网络不排斥任何对话,过量的异质信息也容易对青少年进行误导,这些不是美育工作者能全面控制的,增加了网络美育的难度。数字美育的另一个特点是教育的多维性。在网络环境中,教育从平面走向立体,从静态变为动态,从现时空趋向超时空。网络主题链接式的搜索引擎机制使其信息内容具有多元性、客观性和可选择性。网民能大量接触到各种类型、各种角度、各种观点的审美信息,这既利于兼听兼信,全方面、多维度地透视热点问题,也容易导致观念上的混乱,主流意见难以达成,在一定程度上抵消网络美育的效果。

数字美育探索有助于促进美育理念、美育模式、美育方法的变革。数字化生存在推动社会文化转型的同时,也必然会推动全社会特别是青少年审美观念的转型,必然会重构美育理念,为当代美育培植新的生长点。传统美育评价更多着眼于美育效果,这固然与美育观念有关,但也与传统美育方式不无关系。传统美育教学很难实现对教学过程的全过程高效监测,即使教师注重教学的过程性,也缺乏有效的方法手段进行监测,而大数据技术、传感技术、虚拟仿真技术等则可以帮助教师提取学生在美育教学和实践中的各种数据信息,全面了解学生情况,精准化施教,量化评估,有的放矢进行指导,收到事半功倍的效果,使美育教学、管理、评价智能化、科学化。数字化也有助于促进美育的规模化、精准化、精细化,使美育质量、水准得到有力提升。数据爬虫、智能识别和智能感知等数字技术能够采集用户的网络"脚印"数据,并通过大数据分析、计算机图形学和图像处理技术等,对网民进行"画像",实现用户思维可视化,助力学校美育实现因材施教。借助大数据挖掘分析技术和可视化数据图表,教师能够精准了解学生身心状况和各项美育指标,可以基于采集美育课堂、美育实践、社交媒体使用等行为产生的大量数据,利用概念识别、知识演化建模和关系挖掘形成的可视化数据图表,准确研判,有针对性地开展美育。这也为美育工作者和研究者进行审美教育过程跟踪监测、匹配供需资源、进行"靶向教育"、优化美育教学模式和方式方法奠定了坚实基础。①

数字美育还有助于为美育发展培植新的生长点,借助数字技术可以实现美育管理和美育研究的升级换代。如有的学者基于大数据和数字文献,用统计和数据挖掘等数字人文的研究方法对我国近30年关涉美育研究的重要指标如选题导向、研究范畴、主题词、核心学者等进行分析,进而对美育相关命题做出全景理论判断。首先,根据分析不同主题论文的数量差异和走势发现,"主管部门政策导向"以及"美育传统弘扬"是我国美育研究的主要动力。其次,通过对主题词权重的分析发现,我国美育研究的主体框架主要由"美育基本命题""教育基本元素"等五组主题词群构成。同时,根据词频分析发现不同时代美育研究的热议话题的变迁轨迹,具有"主题延续性强"、重视"学校美育"以及"艺术研究导向性明显"三个特征。最后,通过关键文本的内容分析发现美育本质论、美育现代性研究和美育实践论这三者构成了美育研究的主流研究领域。②还有学者尝试进行"美育"理论形成及其实践现状的数字人文研究。③

(二)数字美育的系统与路径

青少年是网络空间最活跃的群体,网络对青少年的影响最大。反过来说,青少年的审美素质、他们对待网络的态度和抵制网络空间不良信息的能力也

---

① 谢秋水.数字技术赋能高校美育的价值功能、现实困境与实现路径[J].思想教育研究,2023(4):131−136.

② 祁林,宋雨.数字人文视野中的当代美育研究:基于CSSCI数据库文献[J].南京社会科学,2021(10):136−145.

③ 王平."美育"理论形成及其实践现状的数字人文研究[J].黔南民族师范学院学报,2021(5):121−128.

直接关乎网络文化的未来走向和网络发展的前景与可能。因此，网络美育是一个介于审美行为和教育行为之间的交叉范畴。加强网络美育，推进网络文化建设是一项系统工程，绝非一人、一单位、一行业可以独立完成，我们需要动员社会多方面力量协同合作，建设绿色的网络生态环境。

首先，要建立日趋完善的网络监管法律体系。网络是一把双刃剑，它既给人类带来了崭新的数字化生存体验，孕育了自由与共享、民主与平权、互助与奉献、开放与兼容等现代伦理观念和伦理精神，也导致或加剧了一系列复杂的社会问题：信息垃圾的充斥、网络无政府主义的风行、网络匿名交流的放任等。因此必须通过司法、公安、工商、教育等政府部门和社会各界的共同努力，加快网络环境综合整治，联手完善网络法律体系，健全网络立法，使网络空间不至于成为道德审美的飞地和不良信息的垃圾场，营造一个从网上到网下良好的整体社会人文环境。这是网络美育顺利开展的先决条件。它为青少年营造了一个良好共生的成长环境，也为网络生活标定了一种应然形态。这种应然形态无疑也会起到积极的教育示范作用，势必构成网络美育的一种外围形态。

其次，积极调动社会、学校和家庭等各方面有利因素加强美育工作队伍建设，形成多层次、全方位的网络美育格局。一是要下大力气建设社会网络美育管理队伍，形成自上而下、严密有序的网络管理梯队，完善网络管理机制，构建绿色网络环境。二是要下大力气建设高质量的学校网络美育管理队伍。特别是要大力强化和提升美育工作者的数字素养。需要指出的是，数字美育的开展不仅需要依赖数字技术手段，思维方式的变革也极为重要，要引导师生科学认识和全面理解数字技术对社会文化的影响，充分领会数字美育对美育发展的意义。只有当美育教师具有较高的数字素养时，他们才能高屋建瓴地审视数字文化，自觉创新美育模式，辩证看待数字美育的利与弊，游刃有余地开展数字美育。美育教师既可以为青少年提供活生生的新型网络交往的榜样，又能充分利用网络交往的匿名性、虚拟性特点，与青少年进行平等、亲切的网际对话，了解他们的真实想法和困惑，充分尊重青少年的个性发展，促进其个体独特的审美趣味健康发展。三是通过各种形式的培训学习大力提高全社会家庭成员的整体网络知识水平和媒介素养，以发挥家长在网络空间对孩子的监护和引导作用。家长具备基本的网络操作能力，与孩子以平等、亲切的态度沟通，探讨网络审美的相关问题，这对于提高孩子的审美品位，促进孩子的个性发展，促进网络审美良性发展无疑有着重要意义。如此才能形成社会、学校、家庭互动的网络教育系统，给广大中小学生创设一个良好的网络文化环境。

最后，寻找符合青少年心理特点的网络美育方法。如果说上述两条强调的是创造一个好的网络美育环境，更侧重外力作用的话，那么，最重要的内在要求是遵循青少年身心发展的规律制订出合理的美育方案，分析美育过程中心理现象的各方面和环节，揭示人的心理活动和心理发展与美育条件的依存关系，深入研究网络审美与现实审美的差异以及网际交往的心理机制，提高网络空间美育工作的科学性和实效性，培育青少年识别美、欣赏美、创造美、评价美的能力，实现审美自觉，营造审美化的生存理念和生活方式。在这方面，数字化技术和数字美育可以大有作为，智慧美育系统、美育数字化平台可以凭借强大的跟踪与反馈功能，为美育工作者提供可视化数据图表和大量精准信息，使美育工作者可以针对不同类型青少年，精准设计美育方案，对学生进行菜单式、定制化的审美教育。另外，还可以建设专门性的网上心理交流平台，为青少年提供高质量的、专门性的、公益性的精神心理咨询服务。

三、数字化生存与审美教育未来展望

在大众传媒和数字融媒体影响下，青少年审美情趣不可避免会出现偏于感性化、时尚化的势头，但网络传播的全媒体、融媒体格局也使广大青少年视野更为开阔，接触到形形色色甚至相互对立抵触的信息，有利于他们广采博收、细究深思，形成更全面、深入、辩证的看法。加上青少年思维活跃，更容易接受新事物，喜新求变，对审美创新实践有着浓厚兴趣，数字化技术与青春活力碰撞遇合，必然使美育实践熠熠生辉。

数字美育的开展与落实需要处理好美育的新时尚和老传统之间复杂的辩证关系。一方面，虚拟现实技术、人工智能技术更为感性、灵动，更容易使审美主体获得沉浸式审美体验，网络文化更具草根文化、众筹文化、共享文化、交互参与型文化气息；但另一方面，现实人生是无法虚拟的，现实中的人际交往、日常生活也无法用手机、网络完全替代。数字美育有助于拓展美育的新视野、新天地，为美育带来新的生机，但传统美育的存在仍然无法替代。数字化时代的审美教育需要处理好新潮与传统的关系，处理好新技术与老追求的关系。尤其是中国当代的审美教育探索深受马克思主义美学思想和审美教育观的影响，也与中国文化崇尚知行合一、内外兼修的传统息息相关。中国当代审美教育高度重视使命性、实践性、人的全面发展，把审美教育与培养完整人格、促进社会发展结合起来考量，这是开展数字美育时依然需要弘扬的。

数字美育的开展与落实还需要注意因时因地制宜，分类施策，对于一线城市、东南沿海地区、中西部地区、偏远乡村，数字美育的实施方式、途径、手段、效果都显然大为不同。在一线城市和沿海发达地区，数字技术广泛使用，青少年对此早已司空见惯，大众的数字文化素养普遍较高，开展数字美育的条件很成熟，数字美育的实施往往比较顺利，效果也比较好。但在偏远地区的乡镇，数字技术基础设施建设滞后，人们对数字技术了解有限，数字文化素养较低，掌握数字化技术的人才明显不足，中小学里数字美育师资力量薄弱，数字美育的开展面临严重挑战。但从另一方面来说，偏远地区数字美育提升的空间却非常大，数字美育如能扎实开展，其效益也非常可观。

其一，积极开发利用数字教学手段，使数字化赋能偏远地区传统美育教学，实现传统美育的升级换代，整合传统美育理念与现代美育理念，化合传统美育手段与现代数字技术，对传统美育资源进行数字化开发，开阔偏远地区师生的视野，提升偏远地区师生的审美素养。借助数字技术，偏远地区的师资匮乏、信息闭塞、基础设施落后、教育条件差等状况可以得到部分改善。偏远地区的教师可以通过利用数字化资源有效提升自身的审美素质，改变美育专业水准低的既往状况，利用数字化技术积极主动进行专业提升，获取新的教学技法，汲取有益的美育理念，改变美育方式单一的现状。师生可以借力云计算、国家智慧教育公共服务平台、各种专家系统、美育数字化平台上传播的发达地区美育专家讲座、优秀教师公开课等优质资源促使本地的审美教育有力提升。如国家智慧教育公共服务平台近年来大力开展的"支持中西部公益行动",致力于发展数字教育、智慧教育,优化优质资源配置,解决教育不平衡、不充分问题。平台上德智体美劳各方面的课程、技能、活动资源琳琅满目,借助这一平台的美育板块和其他板块,中西部地区、乡镇学校可以积极进行美育内涵建设,教师的专业发展可以获得有力支撑,师生可以全天候参与在线工作坊,与名师一起开展在线教研活动,观看名师直播,观摩艺术课程和艺术活动,在名师的示范引领下提升美育教育教学能力、创新实践能力,厚化优化审美素养。

借助数字技术,可以实现美育教材多元化、美育资源多元化、美育手段多元化、美育方式途径多元化。如电子美育教材、数字美育教材、传统美育教材并行可以实现美育教材的立体化、多元化,还可以吸引、鼓励师生积极参与到开发本地特色数字化美育资源、建设数字化美育资源库、合作编撰美育校本教材,通过互联网,偏远地区的师生也可以游刃有余地收集整理海量的美育资料(如制作精美的世界名画、世界名曲、世界名诗电子资料库用于教学),可以便捷利用各种有关美育的讲座、公开课、短视频(如各种书法讲座、民情风俗和非物质文化遗产的短视频),开阔师生视野,增长美育知识,增强创新实践能力,接触到美育前沿信息,了解一流美育专家的最新成果,使世界范围的优秀美育资源为己所用。数字美育可以帮助偏远地区的青少年获得除了当地老师、家长、亲友外,来自网上的优质师资、优质指导、优质信息、优质资源,借助无远弗届的数字技术和数字资源,增长知识和才干,获得审美创新实践的新技能、新方法,弥补生活环境和地理状况带给自己的局限。

如果说在传统音乐教学、绘画教学、舞蹈教学、体操教学中,学生的练习、模仿还明显受到时空、师资、物质材料等的限制,容易产生跟不上教学进度、学不懂学不会、心理受挫等问题,那么利用数字媒体技术和绘画软件、美图软件、设计软件等,师生可以更为自如地进行绘画创作,可以多次回放、反复修改,根据自己实际情况设定技能学习训练节奏,进行多元化的学习训练，美育实践更为方便，也能够轻而易举地获取在当地难以触及的审美创造实践技能。借助数字化云技术，利用各种媒体手段，偏远地区的师生可以和一线城市的师生一样便捷地搜索、下载、使用各类美育资源，自如、自信地参与到审美实践中，可以使审美教育和自己的日常生活融为一体，如自助拍摄、制作反映自己身边的人、事、非物质文化遗产、当地文艺审美实践的短视频、纪录片，可以利用数字技术进行艺术设计，装点自己的教室、宿舍、村庄、农场。借助数字技术，偏远地区的青少年可以克服教育资源、教育条件的缺陷，甚至可以和一线城市的青少年站在同一条起跑线上。

  美育发展在未来尤其需要突出公益性。对于偏远地区的师生来说，数字化和数字美育尤其有现实意义。各地特色美育资源的开发、数字转化也可以大有作为。偏远地区的美育教师可以带动乡镇学生动手制作富有地域文化元素的文创作品、数字LOGO，这些作品取材于当地生活，有助于增强学生对家乡和地域文化的认同感，也促进了当地民情风俗的广泛传播和地域文化品牌的打造、推广，以地域文化化人，以美育人，使特色美育与数字美育相得益彰，使美育得以落地。

第五章

走向数字美学

> "美学这门学科的结构,便也亟待改变,以使它成为一门超越传统美学的美学,将'美学'的方方面面全部囊括进来,诸如日常生活、科学、政治、艺术、伦理学等等。"①
>
> ——沃尔夫冈·韦尔施《重构美学》

在人类历史上,传播媒介从来就不是单纯的信息载体、中性的工具手段、外在的技术设施,它总是以其特有的方式对社会文化进行塑形,重构社会情境、生存状态、生活方式、思维模式和文化范型,给每一个时代的文化生态打下深刻而独特的烙印。数字媒介转型、数字化生存更对人类社会文化产生了前所未有的影响。数字文明是当今世界的新型文明形态,数字人文、数字化审美、数字审美文化、数字美学莫不是建基其上,莫不是依数字文明的逻辑展开?数字美学可谓是数字文明、数字审美的美学话语呈现。

一、美学研究的三种范式与世纪新变

历史上美学范式曾发生过几度变换,产生过古代世界中占据主导地位的伦理教化型美学、现代性文化的审美自律型美学。21世纪以来,数字媒介转型正在促成一种艺术—传媒化合型的新型美学范式。数字美学、网络美学、

---

① 韦尔施.重构美学[M].陆扬,张岩冰,译.上海:上海译文出版社,2006:1.

虚拟美学正在成为21世纪文艺和审美中富有朝气的新范式。[①]数字媒介转型深刻影响了当代审美实践，使审美情境、审美主体、审美客体、审美模式与审美情状、审美心理发生了全方位变化，对此我们曾撰写过多篇论文予以分析。随着数字化技术越来越成为各种审美实践的新的"DNA"，数字科技重新建构了当代审美实践和审美文化的格局，今天我们面对着数字科技—数字传媒—文艺审美的一体化格局，人与计算机的化合体赛博格审美主体已经司空见惯，美图秀秀、人工智能书法绘画、数字诗歌程序、数字人主播已经成为日常文化生活的重要组成部分，审美与技术、商品与艺术、生活与审美之间截然对立、高下立判的界限日益模糊，借助数字化技术，所有人都可以进行审美DIY，文艺审美成了日常化的"新生活方式"。由此，与大机器生产时代产业分化、社会分化、文化分化相适应的审美自律、形式主义、文艺超然于世俗生活之外的传统文艺学、美学范式不再完全有效。

  数字技术创造了无原本、无原型的审美拟像，"超真实"的类像、仿真在传统的实物审美之外催生了非再现的拟像审美。这种"超真实"的审美拟像使传统的关于客观现实—再现/主观心灵—表现、真实/虚假的思维模式遭到冲击，由此，再现型的传统文艺美学范式势必遭到非再现的虚拟美学范式的冲击。这也从客观上要求当代美学研究突破传统的再现型美学、真实美学，更多关注数字美学、虚拟美学。历史上的模仿说和镜子说、再现说、复制说尽管有很大不同，但都显示出了对"真实美学"的信奉不移，相信存在着一个本真的、客观的外部现实，都重视客观再现，遵照相似性原则，力求使文艺化境与客观外物相一致。而历史上各种表现说、心灵说却更重视内在心灵世界的赋形和内心情感的传达，秉承的是心灵性、表征性原则。但它仍然相信存在着一个真实世界，只不过相比于现实主义式的外在真实来说，它更推崇的是内在真实、主观真实、心灵真实。而超文本和拟像则彻底终结了这种传统的建基于真实/虚假二元对立思维模式基础上的传统美学范式一统天下的格局。对于"超真实"的拟像来说，它无所谓真实，也无所谓虚假，它遵循的既不是相似性原则，也不是表征性原则，它不是某种真实世界的外化，它

[①] 何志钧.网络传播正在改变审美范式[N].人民日报,2010-03-19.

是一种无根的"虚拟真实",作为电脑程序的外化物和运行结果,它追求的主要是技术高清,显示出的是一种新的特异的虚拟美学趣尚和科技理性诉求。

二、数字化审美研究之回顾

19世纪末,实验美学创始人费希纳(Fechner)一改以往哲学为重的传统美学逻辑演绎模式,倡导"自下而上"的美学研究新模式。美学从形而上的哲学思辨,逐渐转向对经验与实证的推崇与关注。20世纪以来,跨学科的交叉融合堪称美学研究的重要样态,推动美学流派日益拓展与丰赡。到20世纪中后期,互联网的出现与极速普及掀起全球范围内的数字信息革命,数字文艺审美实践样态及其逻辑机理遭遇创新式重构。美学领域由数字审美实践经验而起,逐渐接纳数字技术、媒介等跨学科元素,催生媒介美学、技术美学、电影工业美学等美学形态的勃兴与新变,美学范式的重构以及数字美学理论体系的建构正在探索中推进。

全球化时代,世界范围内共享数字媒介发展语境及其审美文化氛围。国内外研究者迅速意识到,传统语境内的美学理论在审视、解读新时代的审美实践特质与生态状貌时呈现出明显的适用障碍及缺漏,亟须"把握今天的生存条件,以新的方式审美地思考"[①],以"探讨美学的新问题、新建构和新使命"[②]。西方数字审美实践与美学理论研究起步较早,好莱坞漫威模式、迪士尼动画系列等塑造了成功的数字文艺审美景观,肖恩·库比特的"数字美学"理论、亨利·詹金斯(Henry Jenkins)的"跨媒介叙事"策略等,交织出数字美学研究的基础状貌。国内学者的数字美学相关论述不少是基于西方实践经验、审美案例或既有理论展开的,这对中国开拓视野,适应全球化的时代浪潮,了解全球数字文化发展状貌,与国际文艺审美实践及理论研究接轨有积

---

① 韦尔施.重构美学[M].陆扬,张岩冰,译.上海:上海译文出版社,2006:1.
② 韦尔施.重构美学[M].陆扬,张岩冰,译.上海:上海译文出版社,2006:1.

极意义，为中国特色数字审美实践的发展及其理论创新提供了重要参照资源，可以随时保持与国际发展态势的同频共振。

然而，从文艺理论与美学研究的发展历程来看，中国在某一历史时段内的理论失语状态正在着力改善。越来越多的研究者登上国际舞台，参与国际间的理论交流与研究合作，在国际美学协会等组织中担当要职。2010年世界美学大会在中国召开，国内外千余名美学研究者齐聚北京，实现了东西方美学思想的汇聚与碰撞。可以说，中国学术界正致力于完成从西方美学理论的"学舌者"到"研究者"的身份转换，试图在国际美学领域发出振聋发聩的中国声音。基于中国传统美学理论的思想精华、中国文艺审美实践的璀璨成就以及中国学者艰苦卓绝的努力，打造美学发展领域真正的中国学派无疑具备了文化自信与民族底气。而在全球化数字时代，打造数字美学发展的中国学派更体现了与时俱进的意识和追求。

另外，从1994年正式接入国际互联网算起，中国的数字化进程只有短短三十年的发展历史。中国接入国际互联网的时间相对较晚，但发展势头迅猛。中国在最短的数字化接触时段内完成了几乎与西方势均力敌、齐头并进意义上的发展突破，乃至在移动支付、共享经济、网络文学等领域一骑绝尘，逐渐在全球范围内进行数字化布局尝试。聚焦数字审美实践领域，在中国语境中探索并生成经过实践检验的"新文创"生态模式，以中国特色的数字文艺审美内容与运转逻辑，在国内构建颇具科学适用性与发展潜能的长效文化战略模式，催生愈益增多的高质量文艺审美作品问世并输出海外。"新文创"生态模式促使输出的数字文艺审美产品数量之多、范围之广、品质之精，几乎可与美国好莱坞大片、日本动漫、韩剧等相媲美。

肖恩·库比特在其著作的中文版序言中强调"《数字美学》中的问题是放在欧洲传统中进行考察的"[①]。在中国经验内建构的数字审美生态图景应以生态模式输出海外加快全球布局，致力于在世界范围内讲好中国故事，建构中国文化名牌标识，以呈现数字文艺审美实践推进的中国力量、中国方案。中国数字美学研究想要延展出具备承续意义与创新价值的数字美学言说空间，致

---

① 库比特.数字美学[M].赵文书,王玉括,译.北京：商务印书馆,2007：中文版序言2.

力于以有价值的研讨成果与卓越的理论成就,在世界美学研究领域发出振聋发聩的声响,必然需要数字美学发展立足于中国数字审美实践语境的集中考察与深入挖掘。当然,国际美学界亦期待中国数字美学研究领域发出时代强音,以承载中国作为文化大国的时代使命与历史担当,促成东西方数字美学碰撞和鸣。

全球化数字语境的延展要求我们跳脱出传统东西方、国内外等二维对立的逻辑模式,客观理性地对待鲍德里亚、尼葛洛庞帝、马克·波斯特、麦克卢汉、居伊·德波、亨利·詹金斯等学者的理论成果,注重与海内外数字美学研究学者的学术互动与成果交流,在中国丰赡广博且颇具生命力的数字文艺审美实践基础之上,吸收中国传统美学思想的精华,以推进中国数字美学研究。简单来说,中国数字美学发展要超越"引进来"与"走出去"两条路线,将"进"与"出"融合到同一语境中,即以大国姿态登上世界舞台,参与到国际数字文化发展、审美实践研讨与美学理论对话中去,以推进中国的数字美学研究从后起之秀走向扛鼎之位。当然,这些努力与成就必然要以打造数字美学发展的中国学派为旨归。

质言之,数字美学发展的中国学派的打造,应全球化语境内数字文化发展、美学理论研究、审美实践现实之迫切诉求。对"中国学派"的强调是基于民族文化自信与理论担当,是对中国美学理论研究创新意识、独立意识、自觉意识等的唤醒。它为中国数字文艺审美实践布局全球提供精神动力与理论指引,为中国数字美学研究参与国际交流、发出时代强音奠定基石,亦为世界美学的发展添砖加瓦,为国际人民的审美生活与思想精神注入活力,为人诗意地栖居做出不懈努力。

下面,笔者将对中国数字美学的发展历程进行双视角梳理。1994年中国全功能接入国际互联网,全球化数字信息革命浪潮迅速席卷全国,中国的数字化、网络化、信息化时代由之开启。中国境内关于"数字美学"议题的早期关注或可追溯至1997年一篇名为《艺术的碎片,数字化美学》的文章。此文对同年出版的国外数字美学研究著作——《数字化拼贴艺术:赛博空间的美学》(*Digital Mosaics: The Esthetics of Cyberspace*)进行了简明扼要的译介。这篇关于"数字美学"的译介文章刊载于信息科技类期刊《中国计算机用户》中,对文艺界、美学界产生的影响相对有限。这是国内较早出现的对国外数字美学研究成果的译介推荐，同时将"数字"与"美学"搭配，讨论数字技术媒介所承启的美学新变。

全球数字化技术媒介资源的共享以及学术理论成果的交流互动，使得国内外数字美学相关研究呈现出一定程度上的趋同，可从三个维度——宏观数字文化维度、数字美学核心维度和数字文艺审美实践维度审视中外数字化审美的异同，在各个维度的具体关涉中可能存在细微差别。当然，中国语境、中国经验、中国实践又衍生出具备中国特色的数字美学研究进程。由之，国内数字美学相关研究主要可从两条线索进行梳理。其一是从与海外研究具备趋同意义的"三维度"视角，以多层次的阐释展现出国内数字美学研究的布局组合样态；其二是关注国内数字美学研究的历时性流变，通过纵向意义的历时梳理，深入挖掘国内相关研究的流变与承续状况，以期实现经验导向与问题展露。

其一，从"三维度"视角来看，首先国内研究在宏观数字文化维度同步延展出"两条腿"走路策略。一条专注于海外数字文化及相关理论著作的大规模译介。《数字化生存》《理解媒介》《莱文森精粹》等中译本相继发行。周宪、许钧主编的"文化与传播译丛"，周宪、高建平主编的"新世纪美学译丛""复旦新闻与传播学译库""当代学术棱镜译丛"等大规模译介丛书，使"媒介文化""当代美学理论""视觉文化与艺术史"等系列海外理论成果纷纷引进国内。海外数字文化相关理论成果的中文版译介是中国学术界了解、接洽全球视野范围内的数字化研究境况，并由之展开数字美学、数字审美探索的重要理论凭借。

中国学者敏锐地感知到信息革命浪潮切入公众日常生活所引发的社会文化迅疾之变，对骤然勃兴的数字信息革命、媒介文化等展开针对性探讨与研析。此即国内数字文化研究至关重要的第二条腿。20世纪90年代张芳杰与陈幼松的同名著作《数字化浪潮》、江潜的《数字家园：网络传播与文化》、曾国屏等的《赛博空间的哲学探索》、何明升的《叩开网络化生存之门》、程洁的《新数字媒介论稿》、陈志良的《数字化潮——数字化与人类未来》，21世纪以来，吴飞著作《数字未来与媒介社会》与杨国斌论文《转向数字文化研究》

等，都是为数字美学研究助力奠基的数字文化相关学术成果。国内外数字文化研究成果相交织，对健康互促、融合开放的数字美学研究生态的形成有积极意义，也为数字美学内容意涵的丰富、形式边界的扩展、逻辑理念的更新等提供了动力。

其二，国内数字美学核心维度的学术成果呈现出散落化与独立化两种形态。其一方面散落于文化与美学的相关理论研究中，诸如王一川2021年出版的专著《美学原理》即专门设置"网络艺术美"作为其中的章节之一。另一方面则如《打造数字美学研究的中国流派》《从数字技术到数字美学》《数字艺术与数字美学初探》《数字美学的意识形态维度——论新时代人民美学》等文章，直接以"数字美学"为明确的论述核心。此外，国内亦出现主标题与国外知名论著有所交叠，而核心论述点又有所不同的研究作品。如贾秀清的《重构美学：数字媒体艺术本性》、宋书利的《重构美学：数字媒体艺术研究》与沃尔夫冈·韦尔施的《重构美学》在命名上相类似，将美学重构的研究集中于对"数字媒体艺术"的论析上。海内外研究成果的交织互动不止局限于宏观数字文化维度，实际上遍布整体学术研究领域，数字美学的核心维度自然亦是其中不可或缺的一环。

国内真正在字面上以"数字美学"四个字为核心表述的理论研究成果颇为有限，"网络美学""新媒体美学"等相关意义的研究论述亦被纳入其间。如此而言，国内关于数字美学核心维度的学术研究可粗略分为基础层、细化层、关系层等，甚至在各层内部展现出细致多维的分化。从基础层来看，单是以曹增节的《网络美学》、张江南的《网络时代的美学》、周玫的《网络美学研究》（2018版）、周伟业的《网络美学研究》（2019版）等著作类研究成果论，其涉及美学发生、审美特质、审美类型、结构功能、审美活动、审美空间、审美心理、审美关系、美学价值等诸多角度，更遑论数量更为客观且指向灵活的短篇论文了。就整体而言，在基础层细分类别内，起源、特质等回溯意义与当下意义的讨论较之未来前瞻的研究要多得多。

而在美学细分层，"虚拟美学""交互美学""赛博格美学""人工智能美学""技术美学""奇观美学"等研究散落其间。《浅析新媒体艺术的交互特征及美学思维》《数字后人类身体的美学建构与意义生成》《论人工智能的话语实践与艺术美学反思》《网络审美资源的技术美学批判》《视觉奇观与深度特效：数字长镜头的美学特征》等作品为证。相对而言，在数字美学细分领域，"虚拟美学"研究的时段蔓延更长、成果更多且涉及维度更广。新世纪初，即有论文《虚拟美学特征刍议》以及硕士学位论文《虚拟现实技术与美学研究》等，随后实践论（《实践美学视野下的虚拟美学》）、客体论（《虚拟美学中审美客体的演化：单向度到多向度》）、现实论（《网络文学虚拟美学的现实情怀》）、传统美学处境论（《虚拟现实技术条件下传统美学的当代进路》）、概论（《网络"虚拟美学"论纲》）、虚拟与真实论（《数字虚拟与艺术真实的美学悖论》）等方面的研究成果不一而足。

数字美学之关系层的研究主要集中于"数字技术与美学""媒介生态与美学"等若干层面。如《从零到一还是从一到零？——数字技术与电影美学趋向》《数字技术引发的美学观念转变》《媒介文化生态的剧变与文艺美学的重构》《新媒介文化语境与文艺、审美研究的革新》《当代美学研究的媒介生态学视野》等。此外，数字美学与"空间"（《从"赛博公民"到"空间分形"：赛博空间视域中的美学框架及话语流变》）、"陌生化"（《陌生化与数字艺术的审美价值》）等元素之间关系的探讨则较为零散，亦不胜枚举，在此不再赘述。

最后，国内相关研究在数字文艺审美实践维度所含纳的细分则更宽广细致，几乎关涉电影、电视剧、网络剧、网络电影、文学、游戏、动画、漫画、纪录片、摄影、戏剧、音乐等各门类的审美实践样式。诸如《简论网络对电影美学的解构和更新》《形式、意象与接受美学：数字技术语境下影视剧的视觉价值重探》《浅析网络剧的艺术生产与美学特征》《新媒体时代网络电影的美学叙事性呈现》《文学自由的乌托邦：对网络文学的美学批评》《网络游戏对文艺的分流及其美学异化》《数字时代的动画美学》《数字媒体视域下漫画的视觉表征研究》《数字时代纪录片形态及美学嬗变分析》《数字摄影有自己独特的美学》《网络戏剧的美学特征》等。甚至在门类之下仍有细分。如网络文学的审美研究涉及言情、穿越、玄幻、耽美等多种题材，《试论网络言情小说的美学特征》《当代网络穿越小说的美学特质研究》《媒介美学视野下的网络玄幻小说》《网络耽美小说的美学语法——兼与毛尖教授商榷》《数字化音乐的美学特质探讨》等。

其三，以历时性视角梳理国内数字美学相关研究。在2001年左右即出现一众围绕电影审美实践所展开的数字美学剖析与思考，如《数字化生存中的电影美学》《颠覆与裂变——论网络时代重建电影美学之必要性》《电影影像的本体论——从电影到后电影的美学发生学问题研究》《电影：寻找丧失的在场交流——论技术更新对电影美学特性的开拓》等。数字技术时代电影审美实践的美学探究在2001年、2002年呈现出异军突起之势。虽然随后数字美学即有新的问题进入研究视野，关于电影的数字美学探析仍一直在研究中占据一席之地，基本从未中断。

在2010年后，随着数字电影技术迭代更新的速度加快、精度提升，《数字时代背景下电影美学观念之重思》《论数字技术的发展对电影理论的挑战——兼及艺术与科技关系的美学思考》《多元语境中电影数字技术的美学与文化反省》《"虚实主义"与"幻真电影"：人工智能时代的电影美学转向》《新技术时代的想象力文化与影像美学重构》等数字电影美学研究成果更是层出不穷。此外，《我国数字化电影的美学审视》《数字化电影美学研究》《数字时代的电影艺术》等电影美学研究主题的学位论文频繁涌现。关于电影这一文艺审美形态的数字美学研究，在国内起步早、延续时间长且成果可观。

值得注意的是，在二十余年的发展间，对电影数字美学的关注呈现出从泛化实践特质的分析到具体微观作品的剖析，从好莱坞大片到国产电影，从院线电影到网络电影的流变趋向。首先，早期的研究关注整体泛化层面的技术影响、审美特质、美学倾向等，诸如《对数字电影技术应用的美学思考》《互动性：数字电影的基本特性——一个关于现代技术观念的疑问》《基于数字化电影之上的虚拟美学刍议》等。而自2018年起，《<猩球崛起3：终极之战>的数字美学》《<头号玩家>：电影数字技术的美学革命》《数字时代下<奇异博士>的美学探源》《数字时代下<湮灭>的美学探源》《数字时代下电影<惊奇队长>的美学程式》等针对具体电影审美作品的数字美学剖析蜂拥而上，一时间风头无两。

另外，早期关于数字电影审美实践的美学研究中，主要以国外影片，尤其是好莱坞影片为审视剖析对象，《阿甘正传》《泰坦尼克号》《侏罗纪公园》

《2001：太空漫游》等海外奇观大片被频繁提及。随后在《大片中的数字美学》等文章中，《无极》《英雄》《十面埋伏》《投名状》《集结号》等国产电影也被纳入研究范围。再到后来，《网络大电影审美价值的缺失与对策》《中国网络电影审美特点与发展趋势审视》《新媒体时代网络电影的美学叙事性呈现》等针对网络电影的数字美学研究逐渐成为新兴议题。要特别强调的一点是，从泛化审美现象到具体文艺作品，以及从海外大片到国产影片再到网络电影的流变，都是一种历时性态势的演变趋向，不是研究重点的替代与转移，而是范围上的不断延展与扩充。一直到当下，以好莱坞电影为数字美学研究重点的学术成果依然不在少数。

从2003年开始，关于数字技术所承启的审美实践与美学观念之变以及由之引发的思考逐渐进入研究视野，一时间相关研究扎堆涌现。关乎"变化"的探析，如《新媒体艺术与美学观的变迁》《网络空间美学理论的嬗变》《数字化的转变——从工具到观念》《数字艺术与审美经验方式的转变》《浅谈数字艺术与审美经验的转变》等；关于"思考"之深究，如《数字技术、观念、制作的思考》《当代网络媒体的生态美学反思》《数字技术：从理论到实践的美学思考》《新媒体带来的美学思考》《对数字技术与美学的一点思考》等。此外，数字审美实践及美学观念对传统的挑战、承续与创新亦在此时间段内被集中探讨，如《数字化艺术对传统美学观念的挑战》《传承与借鉴——数字艺术与传统艺术的审美差异及联系》《博客文化：网络文化的新美学形态》等。

可以说，继对电影审美实践的早期集中探讨之后，中国数字美学研究逐渐步入理性探索阶段。变迁论、思考论、起源论、问题论、矛盾论、创新论等主题一直充溢于相关研究进程之中，乃至延展到当下。数字技术的创新迭代日新月异，针对同一主题的延续性拓展研究有其合理性。而从现实状况来看，数字美学研究的理论探索呈现拓展性与重复性并存态势。以"数字媒体艺术的美学特征"为例，知网同关键字文章多达20余篇，相关研究自2004年起，在2017年到2021年间达至数量高潮。这种多数量的题目雷同状况并非个例，而是广泛存在于数字美学的研究进程之中。

围绕"数字媒体艺术对传统艺术的美学突破探析"论述的文章亦有十余篇，《论数字媒体艺术对传统艺术的美学突破》同样题名的即有四篇，其余的

《数字媒体艺术对传统艺术的美学突破探析》《裂变与突围——论数字媒体艺术对传统艺术的美学突破》《试论数字媒体艺术对传统艺术的美学突破》《试谈数字媒体艺术对传统艺术的美学突破》《简析数字媒体艺术对传统艺术的美学突破》等只题目轻微调动。此外,"论数字艺术创作中技术与美学的矛盾与平衡"相关研究中,题目九成以上类同的文章有3篇;《数字艺术中的美学问题探究》《论数字媒体技术与艺术美学的构建》等题目完全相同的文章数量都在两篇以上。可见,如何在延续性拓展研究中更多葆有创新性而避免重复性,是数字美学研究亟须关注与解决的问题。

2006年,学者马立新发表研究论文《数字艺术与数字美学初探》,在国内较早明确提出"数字美学"概念及其研究范式的构建理念。其在文中基于传统原子单位与数字比特符号单位在属性上的本质差异,剖析美的生成、表现、生产等诸多维度的数字新变,着眼于人类审美经验的拓展,指出"数字美学是数字艺术特有的新型美学范式"①。文中具体以数字比特单位为符号逻辑基础,界定数字艺术的概念范畴与限定条件,解析数字艺术模式的区别性特征,探索数字艺术的美学新质。这是国内早期从数字文化研究、数字文艺审美研究领域发展而来的,对"数字美学"进行专题研究的论文,并且该文进行了基础性逻辑铺陈、概念界定与表征特质梳理。

在2008年,马立新又相继发表《数字美学论———一种数字电影理念的构建》《论数字动画的美学诉求》两篇文章。作者延续了其关于比特符码逻辑承启数字美学特质等的相关论点,并针对数字美学的理论观点做出关于数字电影、数字动画等侧重方向不同的审美解析。值得注意的是,这两篇文章中关于数字电影及动画的审美实践案例占比有限,文章更多的依然是理论层面与审美实践层面的泛化论述。而为数不多的案例剖析多倾向于《阿甘正传》《星球大战》《玩具总动员》《侏罗纪公园》等国外数字电影与动画,尚未关涉基于中国数字文艺审美实践经验的数字美学的理论建构意识。随后十余年间,马立新的论述成果颇丰,虽未再以"数字美学"为显在核心论题展开系统意义的理论挖掘与范式建构推进,但其《数字艺术创作论》《数字艺术本质新论》

---

① 马立新.数字艺术与数字美学初探[J].山东师范大学学报(人文社会科学版),2006,51(4):85–89.

《从原子到比特：数字艺术生产权利的量变与质变》《感性·德性·法性——数字艺术三大哲学元问题研究》《爆款网络剧审美特征与机理研究》等后续文章，基本都是围绕数字美学议题展开的有价值的基础性讨论。

2007年，肖恩·库比特的专著《数字美学》的中文版在国内发行。同年，译者赵文书撰文《面向未来的数字美学——<数字美学>评介》，对肖恩·库比特"数字美学"理论内容进行推介。肖恩·库比特坦言："探索数字艺术的目的不是要证实'现有'而是要促进'尚无'的形成"[①]，用赵文书的话即是"面向未来的数字美学"。

与此大致同时，学者何志钧在2006年发表的论文《网络传播与审美文化新变初探》(《湖南文理学院学报》2006年5期)、2007年发表的论文《信息文化潮流与当代审美文化的范式转换》(《西北第二民族学院学报》2007年第1期)及2006年发表的论文《当代电影：与电子游戏共舞》(《电影评介》2006年17期)、2008年发表的论文《电子游戏与当代电影的审美新变》(《当代电影》2008年9期)等文中也频频论及数字审美与传统审美的差异，对数字审美的新特点进行了论述。在2010年发表的《网络传播正在改变审美范式》中，他分析了网络传播对审美情境、审美主体、审美客体、审美情状、审美心理等所产生的全方位影响。他指出"数字美学、网络美学有可能成为21世纪文艺美学的新范式"[②]。在此后的《媒介力量与当代审美文化的新态势》(2013年)中他论述了当前审美文化的世俗化、消费化、拟像化趋势。在《媒介文化生态的剧变与文艺美学的重构》(2011年)、《新媒介文化语境与文艺、审美研究的革新》(2012年)两文中，他强调当代文艺学面对数字媒介转型应自觉进行范式转换，从传统文艺学的语言学思维模式转换到数字媒介文论研究模式，改变传统的线性思维、链状模式，积极建构非线性、立体化的网状模式的文艺美学。[③]

2011年，学者颜纯钧发表文章《从数字技术到数字美学？》，作者专注电影领域，将"数字美学"定义为"数字技术引入电影之后一种新的审美趋

[①] 库比特.数字美学[M].赵文书,王玉括,译.北京：商务印书馆,2007:6.
[②] 何志钧.网络传播正在改变审美范式[N].人民日报,2010-03-19.
[③] 何志钧.新媒介文化语境与文艺、审美研究的革新[J].学习与探索,2012(12):126-130.

势"[1]。作者在文末亦指出数字美学的进步并不在于奇观表现，而是其审美形式特征所引发的对电影美学范畴与体系在未来何以构建的问题的关注。虽概念范畴指向有所差异，但未来向的"数字美学"建构已成为国内外的研究共识。

早在新世纪的前十年，关于网络文学的美学探析研究，如《泛互文性：网络文学的美学特征》《网络文学的后美学身份——兼谈我国网络文学发展中的若干问题》《探讨网络文学美学特征》等文章著述层出叠见。到2010年之后，关于影视剧、网络电影、动漫、动画等视听图像艺术的数字美学研究逐渐蔚为大观。其中影视剧是重头戏，理论探究与实践剖析兼备（如《"后假定性"美学的崛起——试论当代影视艺术与文化的一个重要转向》《从<琅琊榜>谈中国影视剧的美学构建》等）。这与同一时段国产剧的蓬勃发展、量大质优密切相关。伴随网剧路径的开辟，网络剧亦被纳入学术界的研究视野（如《中国网络剧的审美意义》《网络剧的艺术生成与美学特征》等）。

2018年12月，何志钧、孙恒存在《中国社会科学报》发布专题文章，首次明确提出"打造数字美学研究的中国学派"[2]这一核心议题，主张基于蓬勃发展的中国特色数字审美实践的现实新变，融合国内外相关理论成果及研究实况，展开有科学规划、针对指向、兼顾理论高度与具体实践、兼具全球视野与本土特色、符合技术更新及审美实践进程的数字美学研究。作者关于"数字美学研究"的理论主张不是空穴来风，而是基于两位研究者数年来就"数字美学"相关议题的关注与研究而集成的众多学术成果——《媒介文化生态的剧变与文艺美学的重构》《微文化语境下数字媒介的审美转型》《数字媒介转型与当代文艺审美新变》《数字媒介转型与新世纪的文艺与审美》《数字化潮流与文艺美学的范式变更》《数字美学的意识形态维度》等。

近年来，国内数字美学的发展基本延续了宏观数字文化维度、数字美学核心维度和数字文艺审美实践维度的横向布局，综合了历时性流变所拓展的各级各类面向，展开与时俱进的细化研究。从国外学术成果译介到学术研究中的灵活运用，从全面引入到客观批判，从技术、媒介理论到美学思考，从

---

[1] 颜纯钧. 从数字技术到数字美学？[J]. 电影艺术, 2011 (4): 63–66.
[2] 何志钧, 孙恒存. 打造数字美学研究的中国学派[N]. 中国社会科学报, 2018-12-03.

西方案例分析到中国实践经验，从传统文艺样态的数字化生存到新兴数字审美类型的关注剖析……国内数字美学研究的参与者数量庞大，议题丰赡，逐渐汇聚成数字时代语境下中国美学研究的强劲力量，为打造数字美学发展的中国学派奠定了坚实基础。

值得强调的是，数字美学的外围研究在中国学术语境内也较早出现并不绝如缕，国内的一批网络文学、数码艺术研究者也对数字媒介时代文艺审美及其理论建构时有触及。黄鸣奋曾从"超文本美学""赛博格美学""大数据美学""屏幕美学""人工智能美学""交互美学""碎片美学""嵌入美学"等多个细分维度触及数字技术媒介时代美学的逻辑表征问题。如《超文本美学巡礼》《新媒体时代电子人与赛博主体性的建构》《大数据时代的艺术研究》《屏幕美学：从过去到未来》《人工智能与文学创作的对接、渗透与比较》《交互性娱乐何以成为艺术？》《碎片美学在"超现代"的呈现》《嵌入美学与数码艺术》等。马季关注"视觉美学"（如《电子媒介时代的视觉狂欢》），关注"数字文艺审美的价值"（如《网络新文艺形态的文化价值》），更关注网络文学的审美特征（如《网络文学审美特征考察》《市场机制下的网络文学审美视域——网络文学之于中国当代文学的三个变量》）等。欧阳友权对数字美学问题也有所涉及，他的著述有一部分指向文艺维度的整体论述——《网络艺术的后审美范式》《网络审美资源的技术美学批判》《媒介文艺学的数字化探寻》《人工智能之于文艺创作的适恰性问题》等，如在《网络审美资源的技术美学批判》中他主张在文艺美学建设中消除技术崇拜和工具理性，实现高技术与高人文的统一；更多则聚焦于网络文学研究——《网络文学虚拟审美的娱乐边界》《网络文学：盛宴背后的审美伦理问题》《网络文学审美导向的思考》《数字传媒时代的图像表意与文字审美》等。邵燕君以"粉丝学者"自称，专注于网络文学研究，在其论述中亦涉及数字媒介与网络文学审美实践之间的关系，诸如《媒介新变与"网络性"》《媒介革命视野下的网络文学》《网络文学20年：媒介革命与代际更迭》等。

国外数字文化、数字美学权威研究成果的引进，国内数字文化、数字美学研究的开拓与布局等，在很大程度上得益于一众知名学者的学术探索。在知名学者的引领与示范作用之下，中国数字文化研究在海外成果的催化与碰

161

撞中，生发出不少有价值的新知卓见。然而，聚焦中国数字美学发展进程，依然显见数字美学概念的混用，过于依赖海外研究成果与审美实践经验、议题重复率高而创新度不足及研究点随意散落、缺乏系统性、未来向关注不够等问题也不容忽视。由之，唤起国内数字美学研究的自觉意识，以系统布局、深入挖掘、创新精神、精细化研究等为基础思路，打造数字美学发展的中国学派，是推进中国数字美学理论深化、加快中国数字文艺审美实践的海外布局及建构中国在国际美学领域话语权的有效路径。

就数字时代审美实践的革新状貌、美学理论的重构诉求、国际美学界的发展态势、中国数字文艺审美生态的全球化延展以及国内数字美学发展的基础样态与问题导向而言，打造数字美学发展的中国学派具备必要性、可行性与迫切性。打造数字美学发展的中国学派要以国内外数字美学理论成果为基础，以"知名学者"探索为枢纽，以横向布局框架与纵向历时流变细分为参考，以数字美学研究存在的问题、与时俱进的实践创新以及未来向的美学前瞻为发展指向。打造数字美学发展的中国学派要求凝聚数字美学研究的自觉意识，兼顾系统布局与精细化研究，注重传统的承续与数字化创新。打造数字美学发展的中国学派要着眼于中国特色数字文艺审美实践经验，顺应全球化数字时代潮流，致力于中国数字美学理论的国际交流与文艺审美实践的海外布局，力图在全球视野内彰显中国文化、中国智慧、中国经验的国际价值。打造数字美学发展的中国学派归根结底要依仗中国数字美学研究者的共同努力，从而为数字时代全人类命运共同体的构建贡献美学意义上的中国力量。

三、21世纪数字美学理论前瞻

在新世纪数字文艺发展的全媒介语境中，需要如韦尔施所强调的，"把握今天的生存条件，以新的方式审美地思考"[1]，正视数字美学的转向。在立足于

---

[1] 韦尔施.重构美学[M].陆扬,张岩冰,译.上海：上海译文出版社,2006:1.

具体的数字文艺、审美实践，审视审美实践新趋向的同时，"超越艺术问题，涵盖日常生活、感知态度、传媒文化，以及审美和反审美体验的矛盾"[①]，"探讨美学的新问题、新建构和新使命"[②]。

美学研究历来呈现为与时俱进、不断掘进的动态过程，互联网开启了数字化审美实践的新纪元，也开拓出了数字媒介语境下文艺学、美学言说的新空间。在全媒体、融媒体集成格局的数字化审美实践中，大众化与分众化共生兼具，虚拟化与融媒化相得益彰、草根化与娱乐化交相辉映。

以传统美学理论价值体系来看，分众化、虚拟化、融媒化、草根化、娱乐化等并不是衡量美的核心标准，而就如今正如火如荼发生着的数字化审美实践而言，这些又的确愈益明显地构筑了新时代文艺、审美的趋向和属性。此外，数字媒介时代的文艺、审美实践活动面临的是一个融合式的语境，不仅需要应对媒介融合所带来的内容、平台、渠道、产业等层面的形态转换，也被裹挟进技术革新、商业资本涉入的时代潮流中，创新性地展现出具备数字媒介时代特色的业态形式与美学特征。

媒介的变革以及由之而来的数字化审美实践的转换已然成为时代的共识，而其间，人的能动性也被不断强调。保罗·莱文森曾直言：麦克卢汉关于媒介的理论阐述"给我们明明白白地展示了媒介的活力，展示了它们不可抗拒、无意插柳的后果"[③]；而在数字时代，"媒介的活力正在转换成为人的活力，这种活力是人类业已得到增强和提升的控制能力"[④]。而实际上，在融合式的数字媒介生态格局渐然形成并逐步走向深化的今天，人应该增强和提升的，不仅仅是在实践中控制和使用媒介的能力，更要基于媒介素养的积累，强调对数字化审美实践的观照，以期从中抽取具备时代意义的数字美学范畴、话语，推动数字美学理论的构建。

尼葛洛庞帝早在提出"数字化生存"概念之时，就强调过"每一种技

---

① ② 韦尔施.重构美学[M].陆扬,张岩冰,译.上海：上海译文出版社,2006:1.
③ ④ 莱文森.数字麦克卢汉：信息化新纪元指南[M].何道宽,译.北京：社会科学文献出版社,2001:289.

163

术或科学的馈赠都有其黑暗面"[①],"数字化生存也不例外"[②]。面对媒介技术的"黑暗面",理论史上关于"文学死了吗"的疑问以及"娱乐至死"的警惕言犹在耳。而就具体实践层面来看,数字化审美活动在表征形式、运行逻辑等层面重构审美实践时,也必然意味着美学范式的转换。融合式发展的语境促使数字化审美实践需要兼顾商业、技术、媒介等多重属性,形式美感与大众感受被突出强调,人文精神内核却容易被忽略或有不同程度的耗损,因此我们要格外警惕审美浅层化、审美商业化、审美模式化、审美技术化等负面效应。

在21世纪数字美学理论的建构过程中,既要顺应全媒介格局下文艺、审美实践发展的潮流趋向,把握现实,应时而动;又要从理论高度与宏观视野进行审视与观照,正视数字化审美实践中存在的弊端与矛盾,在对现实问题的不断回应与解决中,真正实现审美实践的健康发展和美学研究的有效推进。针对"电脑的表现往往压过了艺术原来意欲表达的内涵"[③],"喧宾夺主,掩盖了艺术表现中最微妙的信号"[④],以及"感受性回归但内涵式精神指向丢失"[⑤]等弊端,首要的是在融合发展的复杂语境中拉回文艺、审美实践的主动权,在葆有人文关怀、思想承载、精神浸润的前提下,兼顾技术美学、商业价值、媒介属性。

在21世纪数字美学理论的建构过程中,还要兼顾美学理论的延续性、时代性与前瞻性。数字媒介转型是新旧媒介在碰撞互动中渗透、化合、交融、集成、迭代的复杂过程,全媒介格局、数字化审美因此都意味着融通、整合。同样,契合新世纪文艺、审美实践走向的数字美学也不是割裂前尘的开辟与生造,不是独立于传统美学的"天外来客",而是根植于传统美学理论,抵近全媒介数字格局下文艺审美实践活动,进行理论探索和总结的结果。它必须体现出理论的覆盖性、涵括力,既涵盖传统文学的数字化生存与转换,也有关新媒介语境下衍生的新型数字审美实践,更关涉传统美学理论体系的现代化、数字化转型。数字美学理论的探索,不应是"空中楼阁",也不应是"传

---

①② 尼葛洛庞帝.数字化生存[M].胡泳,范海燕,译.海口:海南出版社,1997:267.
③④ 尼葛洛庞帝.数字化生存[M].胡泳,范海燕,译.海口:海南出版社,1997:261.
⑤ 李勇.媒介时代的审美问题研究[M].河南人民出版社,2009:159.

统复辟",而应是基于传统美学理论的延展与推进的当代审美实践的总结与提升。

当然,"探索数字艺术的目的不是要证实'现有'而是要促进'尚无'的形成,此'尚无'是未来的根基,这根基就存在于现在"[①]。质言之,数字美学理论的建构,要立足于正在发生的微观实践案例,强调介入与操控、联觉感受、氛围与沉浸体验,同时融合已有的多学科理论资源,开启理性分析与批评。在"现在"所有经验、实践、批评与理论的多维度夯基过程中,进行量化积累,进行前瞻性的理论探索,把握数字审美规律,提炼美学观点,集结成理论体系。当然,更重要的是,不断通过具体的数字化审美实践检验初步形成的理论体系,与时俱进地推动数字美学研究不断走向深入。

值得注意的是,数字化时代的文艺、审美实践,不仅仅是个体化的审美活动,更是国家数字化文化产业发展的重要一环,是新时代精神文明建设的重要组成部分。数字美学研究既要聚焦本土的数字化审美实践,还要放眼"地球村",致力于网络空间命运共同体的构建,要积极汲取融汇国内外理论研究成果,打造中国特色的数字美学理论话语,在数字美学研究领域发出"中国声音"。

[①] 库比特.数字美学[M].赵文书,王玉括,译.北京:商务印书馆,2007:5.

结语

数字美学：关注数字化审美的局限与契机

数字美学作为方兴未艾的朝阳学术话语，显示出了蓬勃的生机活力，但数字审美也好，数字美学也罢，都不无局限和缺憾。在展望数字美学发展之时理性的反思和批判性的审视也不应缺位。

一、数字审美的局限

首先是元宇宙的悖论。历经第三次信息革命浪潮的冲击，一种关于未来的学说——未来学渐成显学，而与未来学相关的元宇宙，不容置疑地成为重要议题，一时间，"万物皆可元宇宙"占据各学科前沿。如前所述，"元宇宙"（Metaverse）最早出自尼尔·斯蒂芬森（Neal Stephenson）的科幻小说《雪崩》，元宇宙"集成与融合现在与未来全部数字技术于一体，它将实现现实世界和虚拟世界连接革命，进而成为超越现实世界的、更高维度的新型世界"[①]，此概念经脸书CEO扎克伯格之口广为人知，但仅只中国学界将其译为元宇宙，元宇宙概念至今未形成定论，先不说这一概念与商业策略有关，还是与真切地想要推动人类文明向前的追求相连，总之，此概念打开了一种乌托邦实践的可能。它打着虚拟旗号并借数字实体不停收割流量、获取企业关注、吸引资本追逐，加诸疫情时代背景下人类生活方式的极大改变，沉浸式虚拟场景的

[①] 喻国明，耿晓梦.元宇宙：媒介化社会的未来生态图景[J].新疆师范大学学报（哲学社会科学版），2022 (3):110–118,2.

应用得到极大扩展，元宇宙生态因此而得到激发，由这一概念引发的系列概念群以及数据产业建构将迎来消逝与重生并存的境况。

其次是概念消逝的悖论。元宇宙或可成为人类进入未来社会的重要载体，但元宇宙概念本身所承载的媒介偏向，是资本的短期收割，还是数字技术对人的又一次肉身抽离？元宇宙营造的亦幻亦真的气氛，"是某种无法言表的东西，是某人、某物在空间中的可察觉的在场"[①]，但在数字化的场域中，充斥着科学与理性之声的元宇宙无法做到实体世界与虚拟网络的完美融合，这个看似平行的、可替代的甚至是永久的第二平行世界，在其看似无限的空间中，数据隐私更加难以保障，网络欺凌问题更是难以监管，如扎克伯格公司所推出的沉浸式游戏，可能使得游戏进行中个体的本能体验会更加极端以及情绪化，虚拟新闻更是使得用户在元宇宙的时空中，难以辨别现实和虚拟的明确界限，这固然是元宇宙本身潜在的或已存在的危险，但事实是，元宇宙本身即是一个需要数字技术以及大量基础设施支撑才能实现其空间建构的场域。放眼全球新冠疫情阴影仍未消散，当前国际局势动荡，世界性危机频发，这诸多因素都以一种不可逆的方式加剧元宇宙基础的崩塌。作为一个尚未形成定论，且发展失去短期物质支撑的虚拟／现实概念，元宇宙自身的悖论是明显而发人深省的。作为近年来学界炙手可热的研究议题，终极数字媒介——元宇宙既创造了一个实存的时空，又建构了一个经由人的视听感官而形成的想象的虚拟—现实世界，元宇宙所建构的日常生活"是由过去和将来的同时性造成的一个持续不断的进步"[②]，今天和过去的统一，并非仅只是关涉我们审美的自我领会的问题，劳动者被机器异化，进而导致个体美感的异化。数字化技术和数字化媒介基础使得"人诗意地栖居"成为数字化悖论，即数字化为基石的元宇宙是人类理性的伟大创造，但数字化实践的旨归是想要协调技术性程序和人性化编码之间一开始就存在的需要调和的矛盾，但随着数字文化危机的切近，真实的美感消失殆尽，"赛博格空间"中缔造的"虚拟真实"，它既非客体，也非主体，既是视觉可见的真实，又是转瞬即逝的虚拟本身。

[①] 波默. 气氛美学[M]. 贾红雨，译. 北京：中国社会科学出版社，2018：96.
[②] 伽达默尔. 美的现实性：作为游戏、象征、节日的艺术[M]. 张志扬，等译. 北京：生活·读书·新知三联书店出版社，1991：13.

最后是数字技术潜藏的学科危机。数字媒介更大程度地实现了身体的技术延伸,精神出场与身体缺席并行,数字技术建构了新的人与人、人与世界的关系,其间已有人们日常生活中不可或缺的审美体验,以及元宇宙范式中的诸多转向。"恰好是一个作品被复制出来的特殊方式与随之而来的作品的同一性之间的无差别性决定着艺术经验。"[1] 伴随文化工业发展而来的是人的审美经验的变化与艺术的变革。现代性最典型的产品"媚俗艺术"(kitsch)将"艺术既视为游戏,又视为炫耀",对瞬间快乐的崇拜,对审美超越性和永恒理想的否定,资本主义制度与商业利润的合谋,致使"媚俗艺术的矛盾和隐蔽内涵凸显昭显"[2],我们寻求的,是一种共同性的经验,正如节日相聚的现时的共同性。但与庆祝节日不一样的,是数字时代的共同经验,它建立于一种共同性之上,却又表现出各自的时间性。我们沉浸于数字技术产品的时间越久,越证明这一复制品更具备一种可以测量的价值,映现了商业资本操纵的计算法则的成功。现代性的多副面孔中,审美时空维度最为重要,也包含在文本的时空之中。具体而言,口述时代的时空仅限于讲述者与听者的想象之中,可借助的媒介有限,多是自然或是人类社会的群体之中的经验或是物理时空事实。正如约翰·奥尼尔所谓的"身体是社会的肉身"之说,元宇宙概念风行之时,数字化媒介中的精神在场但难以回避身体缺席的悖论,在这机遇丛生却又矛盾不断的场域中,身体既处于精神飞地之外,同样也是期待精神表达的不可忽视的领域,数字化美学需警惕诸多概念对其数字化内蕴的架空,又需谨慎对待元宇宙概念中的虚拟—现实因子对肉身的控制,更应警惕身体欲望在虚拟与现实时空中的文化消费主义表征,身体真切感知与虚拟空间中的精神解放如何达成平和状态?或现实身体无法成为虚拟空间中的精神解放的终点时,虚拟空间中的感知与体验意义何在?当身体无法承担虚拟空间中精神解放赖以修正的全部社会关系时,数字化美学的人性关怀又何去何从?

"以信息技术为中心的技术革命,正在加速重造社会的物质基础。"[3] 一

---

[1] 伽达默尔.美的现实性:作为游戏、象征、节日的艺术[M].张志扬,等译.北京:生活·读书·新知三联书店出版社,1991:47.

[2] 卡林内斯库.现代性的五副面孔[M].顾爱彬,李瑞华,译.北京:商务印书馆,2002:13.

[3] 卡斯特.网络社会的崛起[M].夏铸九,王志弘,等译.北京:社会科学文献出版社,2001:1.

切看似由数字重构的网格化世界秩序,实质上正是一种新型的"互文的官僚化":数字帝国所建构的秩序与统治规则,不断发挥其规训的意旨,借此实现知识的殖民化。与此同时,印刷文本致使理性主体可以对现实世界进行深度思考,获取现实世界中的秩序感与理性逻辑,单它所形成的信息形式是逐渐被结构化的,并被纳入普世的知识架构之中,"知者与知识对象绝对分离,且知识对象绝对依属知者,为帝国主义阅读模式提供了管理形式"[①]。急遽发展的媒介技术以及随之而来的商品消费不断将社会分层,由此产生新的矛盾与纠结,相较于传统以印刷为主要媒介的社会,数字媒介所带来的阶层的分化以及文化区隔更加明显,加速了消费社会中的人的物化、异化状态。"人机界面是'第三次办公室革命'中的活生生的经历,是一个现象学的幽灵"[②],元宇宙这一虚拟—现实交织的媒介场域逐渐消失的主体走向社会认同的反面,即自我消解,媒介降格为附庸,场域中的个体降格自我摒弃。

二、数字审美的契机

正如尼葛洛庞帝所言:"预测未来的最好办法,就是把它创造出来(The best way to predict the future is to invent it.)。"当下的我们正面临世界百年未有之大变局,2021年"未来已来"在元宇宙的浪潮中成为一句时兴的开头语。随之而来的是,虚拟数字人、虚拟剧场、虚拟社交、虚拟娱乐等迅速崛起,国内智慧型全媒体多模态传播体系逐渐成形,主流媒体如新华社的媒体和抖音、小红书等社交媒体将5G与VR/AR技术、虚拟场景与现实舞台有机结合,以提升媒介沉浸感和创造媒介体验新模态。"虚拟经济"也由此迎来短暂的飞速发展期。而2021年10月华东师范大学成立的沉浸式全息影像创新研究中心也呈现出新的元宇宙特征,即"元宇宙叙事之革命性,乃在于它隐藏着创生

---

① 库比特. 数字美学[M]. 赵文书,王玉括,译. 北京:商务印书馆,2007:31.
② 库比特. 数字美学[M]. 赵文书,王玉括,译. 北京:商务印书馆,2007:15.

不可能性的现实——'某物'之可能性"[1]。该网站本身的呈现方式就是一种动态的呈现方式,点击者进入网站之后,凝视随即开始,镜头对该中心展开一个全景式的沉浸式的描摹。

数字审美的发展契机虽与元宇宙悖论相关,但也蕴含新的意义,即数字技术蕴藏新的现代人文精神。首先,数字美学的积极意义体现在数字文化中的实存——身体,虽然在元宇宙虚拟—现实空间中扮演着重要的中介作用,但它的反叛性有益于抵抗现实世界对人的异化,即当前人们的感知已然陷入一种"无感知"的文化状态,数字娱乐、数字算法、数字生存等都与元宇宙的核心理论范畴具有千丝万缕的联系。这种数字文明对现时身体快乐的剥夺,纵然与马尔库塞所谓的特定历史阶段相关,但现时的数字历史中,蕴藏着创造未来的契机。作为数字美学中重要的参与中介,人身体意义的重新发现将是数字技术生命关怀底蕴的最好体现。对技术的追问即是对人类自身危机化解的努力与寻求,现代数字技术的发展看似走向了一种虚无主义,但正如海德格尔所言,"正是在现代技术的虚无主义发展所导致的危机的最后时刻,人类最终走出危机的希望也应运而生,这种希望就存在于对现代技术的根源与本质的追回之中"[2]。在这个追问的过程中,现代数字科技文明的人文关怀以及生命意识愈益重要,若能规避数字科技中的消费主义裹挟,转化其功利主义为对人类命运的长远关爱和对精神世界的终极关怀,最终实现数字科技对人类福祉的创造,避免数字技术的理性、规训之火使人类陷入迷惑的"囚徒困境"之中。

与此同时,数字技术为数字审美发展注入了新的活力,带来了新的契机。一方面,数字技术为人类社会的物质生产提供了新的动力,另一方面可以利用数字技术的特性开发出新的生产形式,运用数字技术思维以重构新的审美关系。具体而言,数字技术在审美意向的传达中表达着自身,电影、电视、摄影等媒介融合文本重构人的审美感知,而元宇宙进一步加剧了这种感知的深度,以流媒体为崛起之势的草根数字媒体在某种程度上削弱了传统精英化

---

[1] 周志强. 元宇宙、叙事革命与"某物"的创生 [J]. 探索与争鸣,2021 (12):36–41,177.

[2] HEIDEGGER M. 'Overcoming Metaphysics',The Heidegger Controversy:a Critical Reader [M]. New York:Columbia University Press,1991:90.

的审美范式,数字大众化的审美表达正渐趋取代传统审美范式。但是,在此类潜藏着民间的、草根的意味的审美文本中,个体在线的、即时的、互文的审美创造又被提倡,一种现实心态与作品融合的审美力量不断加强,力图打破封闭的、单一的叙事传统。在文本的超链接中不断寻求意义的多元与驳杂,在人—机界面对应的现实—虚拟切换中,发现彼此的反面,将元宇宙为代表的理想世界想象化,而将其化为现实世界的真实动力,在这个汇集人类诸多欲望的空间中,繁杂的愿望得以虚拟实现或是虚拟破败,历经一个蜕变、改造、转生和重生的过程,这个社会化的、多维的、想象的、具有现实折射意义交织的空间和场域不仅是平行世界,更是一个欲望诉诸世界而后归返自身,建构更为广泛的审美空间与真实自我的场域。

因此,就数字审美与学科内部来看,数字技术消费社会的审美正面临着"历史的矛盾":数字技术带来物质生产极大丰富的同时,让人—机交互程度加深,甚至使数字机器成为人本身的一部分,传统的主客二分审美范式在这种赛博格的范式意义上被击得粉碎,人又该如何面对已然成为自身的客体部分?但是,数字化进程使得精英与民间文化的合流加快,日常生活审美化为一个悬在数字媒介审美头顶的达摩克斯之剑,文化合流并未消除实质上的文化区隔。而从数字审美的外部环境来看,一种新的历史语境正在形成。审美是人类精神面貌的一种体现和彰显,科技和人文观念的博弈从未止息:全球化进程推动本土数字文化与世界融合的同时,也引发诸如"数字霸权""传播失语"的现实困境,各民族文化可以立身的数字生存空间场景仍待建构。以数字文化为标志的现代信息技术对生活的巨大影响力,尤其是文化转向与美学转型命题中人与数字媒介的关系变化,使得数字技术成为数字审美的注脚,而基于对数字化媒介的挑战与机遇,文化资本如何发挥其隐形的助推作用,更新消费美学体系,部分地充当人类"诗意栖居"的净朗与澄明的精神家园,仍是一个悬而未决的问题。

"元宇宙"已然成为一种"未来的过去",ChatGPT(Chat Generative Pre-trained Transformer)等人工智能的高歌猛进正颠覆并重构数字媒介的演进逻辑。"对历史的叙述始终是对未来的勾勒,是打开未来想象的钥匙"[①],元宇宙

---

① 戴锦华,王炎.返归未来:银幕上的历史与社会[M].北京:生活·读书·新知三联书店,2019:40.

或者说当前的数字文化,以一种极其驳杂的、不确定的历史面貌呈现着未来的广阔图景。文明临界之时,一种深刻的历史意识应当被注重、被延续。贝奈戴托·克罗齐所谓的"一切历史都是当代史"正说明历史蕴含着未来,当下内蕴于历史之中。历史是关于未来的哲学,任何的历史讲述都包含着对未来的想象,一种新的数字审美图式悄然改写传统审美,媒介与技术在形塑和改造人的生存状态,人也许面临马克·波斯特所谓的"数据库是超级全景监狱"①这一数据牢笼的威胁,与此同时,新的机遇却也内蕴于此。我们身处数字文明的机遇与风险并存的风口,人类的未来将何去何从,如何让数字化审美回归人本,实现人的真正诗意栖居,仍待我们深思与回答。

---

① 孙恒存,张成华,谭成.文艺研究的数字审美之维[M].成都:四川大学出版社,2014:25.

参考文献

中文文献：
一、著作类

[1] 董焱.信息文化论：数字化生存状态冷思考[M].北京：北京图书馆出版社，2003.

[2] 李勇.媒介时代的审美问题研究[M].河南人民出版社，2010:159.

[3] 娄岩.虚拟现实与增强现实技术概论[M].北京：清华大学出版社，2016.

[4] 孙恒存，等.文艺研究的数字审美之维[M].成都：四川大学出版社，2014.

[5] 谢宏声.图像与观看：现代性视觉制度的诞生[M].桂林：广西师范大学出版社，2012.

[6] 周宪.当代中国的视觉文化研究[M].南京：译林出版社，2017.

[7][德]格诺特·波默.气氛美学[M].贾红雨，译.北京：中国社会科学出版社，2018.

[8][德]克里斯多夫·库克里克.微粒社会数字化时代的社会模式[M].黄昆，夏柯，译.北京：中信出版社，2018.

[9][德]沃尔夫冈·韦尔施.重构美学[M].陆扬，张岩冰，译.上海：上海译文出版社，2002.

[10][法]阿芒·马特拉.传播学简史[M].孙五三，译.北京：中国人民大学出版社，2008. [美]艾登,[法]米歇尔.可视化未来：数据透视下的人文大趋势[M].王彤彤，沈华伟，程学旗，译.杭州：浙江人民出版社，2015.

[11][法]安东尼·加卢佐.制造消费者：消费主义全球史[M].马雅，译.广东：广东人民出版社，2022.

173

[12][法]保罗·维利里奥.解放的速度[M].陆元昶,译.江苏人民出版社,2004.

[13][法]贝尔纳·斯蒂格勒.技术与时间：3.电影的时间与存在之痛的问题[M].方尔平,译.南京：译林出版社,2012.

[14][法]波得里亚(Baudrillard).消费社会[M].刘成富,全志钢,译.南京：南京大学出版社,2000.

[15][法]居伊·德波.景观社会[M].王昭风,译.南京大学出版社,2006:3.

[16][法]米歇尔·福柯.词与物—人文科学考古学[M].莫伟民,译.上海：上海三联书店,2001:506.

[17][美]舒斯特曼.身体意识与身体美学[M].程相占,译.北京：商务印书馆,2011.

[18][美]保罗·莱文森.数字麦克卢汉：信息化新纪元指南[M].何道宽,译.社会科学文献出版社,2001:289.

[19][美]理查德·舒斯特曼.生活即审美：美经验和生活艺术[M].彭锋,等译.北京：北京大学出版社,2007.

[20][美]鲁道夫·阿恩海姆.视觉思维：审美直觉心理学[M].滕守尧,译.北京：光明日报出版社,1987.

[21][美]马丁·杰等.现代性的视觉政体：视觉现代性读本[M].唐宏峰,主编.郑州：河南大学出版社,2018.

[22][美]尼古拉斯·米尔佐夫.视觉文化导论[M].倪伟,译.南京：江苏人民出版社,2006.

[23][美]尼古拉斯·尼葛洛庞帝.数字化生存[M].胡泳,范海燕,译.海口：海南出版社,1997.

[24][美]约书亚·梅罗维茨.消失的地域：电子媒介对社会行为的影响[M].肖志军,译.北京：清华大学出版社,2002.

[25][日]水越伸.数字媒介社会[M].冉华,于小川,译；李国胜,译校.武汉：武汉大学出版社,2009:27.

[26][新西兰]肖恩·库比特.数字美学[M].赵文书,王玉括,译.北京：

商务印书馆，2007.

[27][英]费瑟斯通(Featherstone,M.).消费文化与后现代主义[M].刘精明，译.南京；译林出版社,2000.

[28][英]马丁·李斯特等.新媒体批判导论[M].吴炜化，付晓光，译.复旦大学出版社，2016.

[29][英]马泰·卡琳内斯库，[德]安德斯·费格约德.数字人文：数字时代的知识与批判[M].王晓光，等译.大连：东北财经大学出版社，2019.

[30][英]纽曼尔·卡斯特.网络社会的崛起[M].夏铸九，王志弘，等译.北京：社会科学文献出版社，2001.

二、期刊类

[31][美]L.希利斯·米勒.论全球化对文学研究的影响[J].当代外国文学，1998(1).

[32][英]特里·N·克拉克，李鹭.场景理论的概念与分析：多国研究对中国的启示[J].东岳论丛，2017(1).

[33]白亮.技术生产、审美创造与未来写作：基于人工智能写作的思考[J].南方文坛,2019(6).

[34]白昱，赵福政.VR电影美学特征探析[J].电影文学，2017(18).

[35]曾军."元宇宙"的发展阶段及文化特征[J].华东师范大学学报（哲学社会科学版），2022(4).

[36]常江，王雅韵.审美茧房：数字时代的大众品位与社会区隔[J].现代传播(中国传媒大学学报),2023(1).

[37]陈定家，王青.中国网络文学与'新文创'生态[J].社会科学辑刊，2022(2).

[38]陈海静.人工智能能否成为审美主体：基于康德美学的一种扩展性探讨[J].学术研究,2022(7).

[39]成业，殷国明.人工智能诗歌写作的读者认知与"重写"：由"小冰"诗歌中的风景引发的思考[J].山西大学学报(哲学社会科学版),2020(4).

[40]丁艳华.浅谈虚拟现实技术在纪录片中的"沉浸式"美学[J].当代电视,

175

2019(12).

[41]樊飞燕.VR影像的叙事美学与媒介文化研究[J].新媒体研究,2021(21).

[42]韩伟,王晓雨.VR审美:激情·迷醉·反抗的美学[J].海南大学学报(人文社会科学版),2020(5).

[43]韩伟.论当下人工智能文学的审美困境[J].文艺争鸣,2020(7).

[44]何志钧,孙恒存.打造数字美学研究的中国学派[J].中国社会科学报,2018-12-03.

[45]何志钧,孙恒存.数字化潮流与文艺美学的范式变更[J].中州学刊,2018(2).

[46]何志钧.网络传播正在改变审美范式[N].人民日报,2010-03-19.

[47]何志钧.新媒介文化语境与文艺、审美研究的革新[J].学习与探索,2012(12).

[48]黄鸣奋.新媒体时代电子人与赛博主体性的建构[J].郑州大学学报(哲学社会科学版),2009(1).

[49]蒋怡.西方学界的"后人文主义"理论探析[J].外国文学,2014(6).

[50]金惠敏."图像—娱乐化"或"审美—娱乐化":波兹曼社会"审美化"思想评论[J].外国文学,2010(6).

[51]金惠敏.图像-审美化与美学资本主义:试论费瑟斯通"日常生活审美化"思想及其寓意[J].解放军艺术学院学报,2010(3).

[52]李冰雁.从"赛博格身体"到"元宇宙":科幻电影的后人类视角[J].广州大学学报(社会科学版),2022(3).

[53]李嘉泽.论VR/AR在媒体艺术中的境界美学具象化特征[J].北京电影学院学报,2017(2).

[54]李沐杰.数字性作为文学研究视角[J].外国文学动态研究,2021(2).

[55]李睿.基于语料的新诗技:机器诗歌美学探源[J].外国文学动态研究,2020(5).

[56]梁玉成,张咏雪.算法治理、数据鸿沟与数据基础设施建设[J].西安交通大学学报(社会科学版),2022(2).

[57] 刘朝谦, 杨帆. 人工智能软体"写诗"的文艺学思考 [J]. 福建论坛 (人文社会科学版),2020(2).

[58] 刘小新. 改革开放四十年文艺美学的回顾与前瞻 [J]. 福建论坛 (人文社会科学版)，2019(5).

[59] 刘欣. 人工智能写作"主体性"的再思考 [J]. 中州学刊 ,2019(10).

[60] 马草. 人工智能艺术的美学挑战 [J]. 民族艺术研究 ,2018(6).

[61] 孟凡生. 虚拟现实技术与审美经验的变革 [J]. 文化研究，2017(2).

[62] 倪阳. 人工智能时代的文学：评小冰《阳光失了玻璃窗》[J]. 书屋 ,2018(8).

[63] 聂庆璞.VR 的审美辨思 [J]. 南京邮电大学学报 (社会科学版)，2018(4).

[64] 牛春舟, 朱玉凯. 梅洛 – 庞蒂知觉理论与数字艺术审美体验转向 [J]. 社会科学战线，2022(1).

[65] 潘溯源. 论萨特想象美学理论在虚拟现实艺术中的体现 [J]. 艺术百家，2017(3).

[66] 施畅.VR 影像的叙事美学：视点、引导及身体界面 [J]. 北京电影学院学报，2017(6).

[67] 苏喜庆.VR 视镜下的影视空间审美与建构 [J]. 文化艺术研究，2019(3).

[68] 孙斌. 论虚拟现实艺术的审美特征 [J]. 中国电视，2019(10).

[69] 孙为. 新媒体时代美学的数字化重构研究 [J]. 中州学刊，2014(12).

[70] 孙玮. 媒介化生存：文明转型与新型人类的诞生 [J]. 探索与争鸣，2020(6).

[71] 汤克兵. 作为"类人艺术"的人工智能艺术 [J]. 西南民族大学学报 (人文社科版),2020(5).

[72] 陶锋. 人工智能美学如何可能 [J]. 文艺争鸣 ,2018(5).

[73] 陶锋. 人工智能视觉艺术研究 [J]. 文艺争鸣 ,2019(7).

[74] 王峰. 从人类主义美学转向人工智能美学：基于康德美学架构的批判性考察 [J]. 学术研究 ,2022(7).

[75] 王峰. 挑战"创造性"：人工智能与艺术的算法 [J]. 学术月刊 ,2020(8).

[76] 王楠,廖祥忠.建构全新审美空间:VR 电影的沉浸阈分析[J].当代电影,2017(12).

[77] 王世磊.手机 UI 设计中人工智能审美可行性的探究[J].大连工业大学,2020(8).

[78] 王妍.虚拟现实技术系统的美学分析[J].自然辩证法研究,2007(10).

[79] 危昊凌.数字社会下的审美泛化危机[J].天府新论,2023(1).

[80] 肖建华.在后人类时代重思人文主义美学：以海德格尔的后人文主义美学观为例[J].当代文坛,2019(1).

[81] 徐小棠,周雯.建构数字文化记忆的辅助工具：虚拟现实记录影像的美学特征及其文化外延[J].北京电影学院学报,2021(12).

[82] 颜纯钧.从数字技术到数字美学？[J].电影艺术,2011(4).

[83] 杨守森.人工智能与文艺创作[J].河南社会科学,2011(1).

[84] 易雨潇.观看、行为与身体治理论 VR 技术对电影接受美学的重构[J].北京电影学院学报,2017(2).

[85] 殷国明.从"智能美"到"智能美学"：关于一个新的美学时代的开启[J].文艺争鸣,2021(9).

[86] 喻国明,耿晓梦."元宇宙"：媒介化社会的未来生态图景[J].新疆师范大学学报（哲学社会科学版）,2022(3).

[87] 张登峰.人工智能艺术的美学限度及其可能的未来[J].江汉学术,2019(1).

[88] 张烨.沉浸·临境·开放:虚拟现实纪录片的技术美学[J].电视研究,2020(10).

[89] 赵乔.乔纳森·克拉里"注意力技术"思想研究[J].现代传播（中国传媒大学学报）,2023(3).

[90] 赵星植.元宇宙:作为符号传播的元媒介[J].当代传播,2022(5).

[91] 赵耀.论人工智能的双向限度与美学理论的感性回归[J].西南民族大学学报(人文社科版),2020(5).

[92] 周婷.人工智能与人类审美的比较与审视[J].江海学刊,2018(6).

[93] 周志强.算法社会的文化逻辑：算法正义、"荒谬合理"与抽象性压

抑[J].探索与争鸣,2021(3).

[94]周志强.元宇宙、叙事革命与"某物"的创生[J].探索与争鸣,2021(12).

外文文献：

[1]ALICE B.Latent Spaces: What AI Art Can Tell Us About Aesthetic Experience[J].Creativity in the Light of AI, 2022, 8（1）.

[2]BONFADELLI H. The Internet and Knowledge Gaps: A Theoretical and Empirical Investigation[J]. European Journal of Communication, 2002, 17（1）.

[3]CHU Y Y, LIU P. Public aversion against ChatGPT in creative fields?[J]. Innovation, 2023, 4（4）.

[4]DAREWYCH T. The Impact of Authorship on Aesthetic Appreciation: A Study Comparing Human and AI-Generated Artworks[J]. Art and Society,2023,2(1).

[5]MAZZONE M, ELGAMMAL A. Art, creativity, and the potential of artificial intelligence[J]. Arts, 2019, 8（1）.

[6]OKULOV J. Artificial aesthetics and aesthetic machine attention[J]. AM Journal of Art and Media Studies, 2022（29）.

[7]PENG H, HU J J, WANG H T, et al. Multiple visual feature integration based automatic aesthetics evaluation of robotic dance motions[J]. Information, 2021, 12（3）.

[8]TAKIMOTO H, OMORI F, KANAGAWA A. Image aesthetics assessment based on multi-stream CNN architecture and saliency features[J]. Applied Artificial Intelligence, 2021, 35（1）.

[9]UTZ V, DIPAOLA T. Using an AI creativity system to explore how aesthetic experiences are processed along the brain's perceptual neural pathways[J]. Cognitive Systems Research, 2020, 59.

[10]CHENG S M, DAY M Y. Technologies and applications of artificial intelligence[C].Taipei：Springer, 2014.

[11]GIPS J, STINY G. Artificial Intelligence And Aesthetics[C] //IJCAI'75:

179

Proceedings of the 4th international joint conference on Artificial intelligenceI. San Francisco: Morgan Kaufmann Publishers Inc., 1975, 75.

[12]MCCORMACK J, LOMAS A. Understanding aesthetic evaluation using deep learning[C]// Artificial Intelligence in Music, Sound, Art and Design. Seville: Springer, 2020.

[13]Oh C, KIM S, CHOI J, et al. Understanding how people reason about aesthetic evaluations of artificial intelligence[C]//DIS '20: Proceedings of the 2020 ACM Designing Interactive Systems Conference. New York: Association for Computing Machinery, 2020.

[14]PIROZELLI P, CORTESE J. The Beauty Everywhere: How Aesthetic Criteria Contribute to the Development of AI[C]//Proceedings of Machine Learning Research. Colorado: ML Research Press, 2022, 134.

[15]SHENG K K, DONG W M, CHAI M L, et al. Revisiting image aesthetic assessment via self-supervised feature learning[C]//Proceedings of the AAAI Conference on Artificial Intelligence. California: AAAI Press, 2020, 34(4).

[16]XU R, HSU Y. Discussion on the aesthetic experience of artificial intelligence creation and human art creation[C]// Proceedings of the 8th International Conference on Kansei Engineering and Emotion Research. Tokyo: Springer, 2020.

[17]YORK W W, EKBIA K R. Slippage in cognition, perception, and action: from aesthetics to artificial intelligence[C]//KELEMEN J, ROMPORTL J, ZACKOVA E. Beyond Artificial Intelligence. Berlin: Springer, 2013.

后　记

本书撰写历时数载，现在终于完稿了。本书是我们课题组成员在完成山东省社会科学规划研究项目优势学科项目"数字化审美与数字美学发展研究"（项目批准号：19BYSJ64）、国家社科基金一般项目"数字美学理论话语建构研究"（批准号19BZW027）等的过程中研究心得的具现。本书由秦凤珍负责研究思路和框架结构设计，导语、第四章由秦凤珍（鲁东大学）、何室鼎（北师大）、何志钧（南昌大学）撰写，第一章、第三章由徐雪（湖南师大）撰写，第二章第一节由叶兴华（南昌大学）、何志钧撰写，第二节由张燕飞（南昌大学）、何志钧撰写，第五章由王青（浙江海洋大学）、何志钧撰写，结语由徐雪撰写。秦凤珍、何志钧负责全书通稿。

在本书将作为我们研究项目的成果推出之际，蓦然回首，我们不禁感慨万千。从2001年开始涉足数字化文艺、审美研究至今，转眼23年已逝。在我们一以贯之构筑的"数字化审美与数字美学"研究书系中，本书是我们所撰写的第6本著作，它和我们之前完成的相关著作一起留下了我们在数字化文艺、审美研究征程中的一个个脚印。

著者
癸卯年夏于黄海之滨

N